OBSERVATIONS

SUR

LES MINES DE MONS,

ET SUR

LES AUTRES MINES DE CHARBON

QUI APPROVISIONNENT PARIS.

Par M. Michel **CHEVALIER**, Ingénieur des mines.

(Extrait des *Annales de l'Industrie française et étrangère.*)

———————

Jusqu'à l'ouverture du canal de Saint-Quentin, le charbon de terre consommé à Paris, provenait entièrement des mines de nos départemens du Midi, et principalement de celles de Saint-Etienne. Depuis une vingtaine d'années, les charbons du Nord, et presque uniquement ceux de Mons, sont venus leur susciter une concurrence redoutable qui a eu pour effet de perfectionner l'extraction dans les divers centres d'exploitation ainsi opposés les uns aux autres, de reduire les frais d'arrivage, et d'augmenter la consommation sur le marché de Paris.

On jugera de ce dernier effet par le tableau suivant qui indique les quantités de houille entrées à Paris depuis 1818 jusqu'en 1827.

1

1818	473,000 hect. ras (1).
1819	478,000
1820	500,000
1821	553,000
1822	716,000
1823	751,000
1824	727,000
1825	748,000
1826	946,000
1827	939,000

La consommation de la banlieue ne dépasse pas actuellement 300,000 hect.

Jusqu'à présent les mines du Nord ont fourni une fraction toujours croissante de la consommation totale. Cependant les mines du Midi y figurent aujourd'hui encore pour plus de la moitié.

A Paris, et dans toute la vallée de la Seine, les charbons de Mons ont eu pendant les premiers temps une réputation fâcheuse, source de beaucoup de préventions qui ne sont peut-être pas complètement dissipées aujourd'hui. Lorsque le canal de Saint-Quentin, et plus tard celui de Mons à Condé, ouvrirent aux houilles de Mons le chemin de Paris, les principaux exploitans se réunirent en une compagnie dite du *Flénu* qui exerça pendant plusieurs années un véritable monopole, et qui en profita pour répandre dans le commerce des produits fort impurs. Plus tard, cette compagnie s'est dissoute; l'incurie qui présidait à l'ensemble

---

(1) A Paris, le charbon se mesure à la voie de 15 hectolitres. Sur les mines et sur celles du Nord en particulier, l'hectolitre comble est plus usité. 4 hectolitres combles valent 5 hectolitres ras. La voie de la plupart des houilles, et de celle de Mons en particulier, pèse 1200 kil.

et aux détails de l'exploitation a cessé; les charbons ont été dégagés des schistes que précédemment on y laissait mêlés : une autre compagnie, qui avait inondé les marchés de charbons inférieurs, a été forcée d'abandonner ses travaux; peu à peu les houilles de Mons ont repris faveur; et le *Flénu* surtout est actuellement la plus estimée de toutes les houilles qui arrivent à Paris. Les beaux produits que la compagnie d'Hornu et Wasmes a répandus en grande quantité, n'ont pas peu contribué à cette réhabilitation.

Disposition générale du bassin de Mons.

Le bassin houiller de Mons est placé dans le cours d'une série de bassins disposés en une zone allongée qui part du département du Pas-de-Calais, traverse le département du Nord, et s'étend jusqu'au Rhin, par Liège et Aix-la-Chapelle.

Le terrain houiller de Mons occupe une grande étendue. Il est probable qu'il n'éprouve aucune solution de continuité d'Arras à Charleroi. D'espace en espace il est resserré par des étranglemens, ou soumis à des brouillages qui le partagent, sous le rapport de l'exploitation, en bassins partiels. Il existe un étranglement prononcé entre les villages de Hérin et de Saint-Léger, à l'ouest de Valenciennes; il y a aussi une séparation à Quiévrain, à la frontière de France et des Pays-Bas.

La portion la plus intéressante du gîte, par la qualité et l'abondance des charbons qu'elle livre, est située tout entière au couchant de Mons, entre cette ville et le village de Boussu. Dans cet espace, il forme une bande dirigée de l'Est à l'Ouest, d'environ 1 myriamètre de largeur, dans laquelle la partie reconnue et exploitée n'est pas large de plus de 5 à 6 kilom.

Le terrain houiller de Mons repose sur un terrain de transition, composé de schiste, de Grauwacke, et d'un calcaire foncé, plus ou moins veiné de blanc, qu'on exploite comme marbre et comme pierre à bâtir sous le nom de *pierre bleue*.

Il est recouvert, sur une épaisseur variable, par un terrain à stratification horizontale, appelé *mort terrain*. C'est à la surface du sol une alluvion, mélange aquifère de sables, argiles et marnes. Au-dessous de l'alluvion, s'étendent des terrains d'âge secondaire qui se rapportent à la craie, et qui se composent de couches plus ou moins marneuses, se rapprochant quelquefois de la nature des grès, et mêlées de silex pyromaques.

Les bancs crayeux sont le siège de nappes d'eau, qui constituent ce qu'on appelle des *niveaux*. Dans le percement des puits, ces niveaux versent habituellement des masses d'eau énormes, dont l'épuisement nécessite le développement d'une force motrice considérable.

Entre les bancs crayeux et le terrain houiller, se trouvent placées des couches argileuses, compactes, connues sous le nom de *dièves* et de *fortes toises* qui, imperméables par leur nature, semblent destinées à préserver les mines de l'envahissement des eaux abondantes qui les recouvrent.

L'épaisseur du terrain aquifère est très-variable; sur un très-grand nombre de points situés dans la partie méridionale de la bande allongée qui constitue le terrain houiller, il y a à peine indice de *niveau*; dans le bois de Boussu et à Dour, l'on voit en quelques points affleurer le grès et le schiste houiller; il n'en est plus de même vers le centre du bassin : déduction faite de 15 à 30^m de terrain peu aquifère, situé à la surface du sol, il s'y trouve souvent 60 à 80 m. de *niveau* proprement dit, qu'on ne peut traverser qu'après dix-huit mois, deux ans de travaux, ou plus encore, et moyennant d'énormes dépenses (1).

La direction générale des couches du terrain houiller est de l'Est à l'Ouest, c'est-à dire dans le sens de la longueur de la bande houillère. Leur inclinaison est très-variable, car elles sont fort contournées. Dans leurs plis et replis, elles plongent tantôt vers le Nord, tantôt vers le Sud, quelquefois elles s'écartent peu de l'horizontalité. Ce qui rend ce fait plus curieux, c'est que les changemens d'inclinaison les plus considérables s'opèrent brusquement dans l'espace de quelques mètres. Malgré ces contournemens nombreux, qui attestent une action violente postérieure à leur dépôt, les couches du terrain houiller en général, et celles de charbon en particulier, n'ont pas éprouvé de dislocation considérable. Elles ont cédé à la cause puissante qui s'est emparée d'elles pour les retourner, sans se répandre en lambeaux, sans se déchirer ; les brouillages, les amincissemens, les crins, les failles et les dérangemens de toute espèce y sont rares et de peu d'étendue ; grace à une exploitation longue et active, on a d'avance des données nombreuses sur la situation, sur la nature de ces accidens, et sur les mesures à prendre dans chaque cas en particulier.

La disposition générale du terrain houiller est

---

(1) La présence d'un fort niveau élève les frais de percement d'un puits d'une somme de 100,000, 150,000 ou même 200,000 fr. Il en est qu'on n'a pu franchir à ce prix.

telle que chaque couche , après être revenue plusieurs fois sur elle-même dans la partie voisine du
midi du bassin , se prolonge suivant une grande surface
peu inclinée, qu'on appelle les *grands plats* , et qui,
après s'être un peu enfoncée vers le Nord , se relève
jusqu'aux *morts terrains* , en prenant la pente inverse.
La partie méridionale des *grands plats* porte le nom
de *combles du Midi*; la partie septentrionale celui de
combles du Nord. Dans les contournemens qui précè-
dent les *grands plats*, tout ce qui a pendage au Midi
porte le nom de *droits* , et ce qui a pendage au Nord
se désigne par le nom de *plats*. Il est au reste généralement vrai que les *plats* sont moins inclinés que
les *droits*.

Ce qui est plus important , c'est que dans les *plats* ,
les couches sont ordinairement plus puissantes , mieux
réglées que dans les *droits*, et qu'elles s'y exploitent en
fragmens mieux taillés. Sous le rapport de la beauté
et de la régularité du gîte et de la forme géométrique
des morceaux , les *grands plats* surtout sont remarquables. C'est sur ces *grands plats* que sont établies
les exploitations les plus productives.

Le nombre des *plats* et des *droits* que présentent les
diverses couches est variable. Au centre du bassin , il
n'existe que le comble du Midi et le comble du Nord.
En s'écartant vers le Midi , les *grands plats* sont pré-
cédés par plusieurs contournemens ; il n'y a jamais
plus de trois *droits* et trois *plats*. Au Nord , les *grands
plats* paraissent s'étendre jusqu'aux *morts terrains*.

De la disposition du terrain houiller , il résulte que
les couches se succèdent et s'enveloppent dans le même
ordre , à partir de la limite Nord , et à partir de la limite Sud du bassin.

Diverse nature des charbons de Mons.

En suivant ainsi les couches, de l'extérieur au centre du bassin, on trouve d'abord les veines d'un charbon non bitumineux, non collant, brûlant sans flamme ni fumée, très-propre à la cuisson de la chaux et des briques. Ce charbon a généralement peu de consistance; sa structure est schisteuse et le plus souvent contournée; il se réduit en poudre fine, tachant les doigts.

Deux échantillons différens m'ont donné les résultats suivans:

NUMÉRO DES ESSAIS.	PESANTEUR SPÉCIFIQUE à 12° centigrades.	PERTE AU FEU en centièmes.	PROPORTION DES CENDRES en centièmes.	COULEUR DES CENDRES.
1	1. 298	14. »	2. 20	Fauve.
2	1. 303	10. 80	2. 40	Fauve.

Il existe treize couches de ce charbon.

Après le charbon *sec* vient le charbon de *fine forge*, dont l'usage principal est la maréchalerie. Comme un grand nombre des charbons à forger, il est fragile, friable même, sans être cependant pulvérulent et tachant comme le précédent. Il a un éclat variable. Tantôt il est d'un aspect uniforme, assez mat, et d'un noir peu prononcé sans être terne, n'ayant de cassure plane un peu étendue que dans le sens du lit : tantôt il se compose de veines parallèles au lit de la couche, très-inégalement brillantes, et il se divise nettement, soit dans le sens du lit, soit dans un sens à peu près perpendiculaire. Tel est particulièrement le charbon extrait à la *Grande veine* des bois d'Epinoy près Elouges.

Il existe de ce charbon 23 veines, dont plusieurs sont rarement exploitables.

Celles qui fournissent les meilleurs produits sont la *Grande veine* qu'on exploite sur un grand nombre de points, et notamment à Elouges, à Grisœuil, aux Tas, et les *Cinq Paumes* à Grisœuil.

Ce charbon est très-convenable à la fabrication d'un coke serré, bien agglutiné, solide et sonore; j'ai fait à cet égard des expériences en grand très-concluantes. Ce coke serait certainement propre aux usages métallurgiques. On a employé pour essai dans les hauts fourneaux de Charleroi, du coke provenant de la *Grande Veine*; on en consommait 2 1/4 pour 1 de fonte tandis qu'avec le charbon de Charleroi, c'était 2 3/4.

Le rendement en coke est en grand de 65 à 68 pour 0/0 du poids de la houille, en vase clos.

Divers essais chimiques auxquels j'ai soumis ce charbon, m'ont fourni les résultats suivans :

NUMÉRO DES ESSAIS.	PESANTEUR SPÉCIFIQUE à 12° centigr.	PERTE AU FEU en centièmes.	PROPORTION DES CENDRES en centièmes.	COULEUR DES CENDRES.
1	1 . 265	25. 75	1. 11	Fauve.
2	1 . 272	23. »	2. 156	Un peu fauve.

La couleur des cendres indique que ce charbon est à peine pyriteux; il y a en effet rarement de la pyrite apparente.

Du coke fait en grand avec de la houille en morceaux a donné 3, 80 p. °/₀ de cendres.

Du cóke fait avec du menu un peu inférieur en a donné 11, 20 p. %.

La houille *fine forge* de Mons est inférieure pour les travaux de forgerie à celle de Saint-Etienne : elle a moins de *corps*, elle est plus *légère* que cette dernière, c'est-à-dire qu'elle résiste moins au vent du soufflet.

Ce sont les mines de charbon à forger qui sont le plus infestées de *grisou* ou gaz inflammable.

Aux charbons à forger succède une troisième enveloppe composée de *charbons durs*.

Ces charbons se distinguent des précédens par un aspect particulier. Ils offrent ordinairement deux sens de division, qu'on serait tenté de comparer aux *clivages* des minéraux, l'un parallèle, l'autre perpendiculaire au plan de la couche. Ces clivages sont plus ou moins faciles sur les diverses veines, mais ils sont toujours indiqués. Celui qui est perpendiculaire au lit a lieu généralement, suivant un plan parfaitement dressé ; et lorsque la division est faite, elle montre toujours deux faces brillantes : le clivage parallèle au lit, met à nu des faces moins planes, plutôt lisses que miroitantes. Les divers plans successifs suivant lesquels peuvent s'opérer ces divisions, sont fort rapprochés, ils sont rarement distans de plus d'un centimètre.

De la disposition de ces deux sens de division, il résulte que les fragmens de charbon *dur* affectent habituellement une forme rectangulaire.

Lorsque ces clivages sont faciles, le charbon vu en tas a de l'éclat, mais il renferme beaucoup plus de menu, et il supporte peu les transports ; si les clivages sont difficiles, la cassure du charbon est inégale, la surface des morceaux est grenue, sans éclat, mais ils sont beaucoup plus gros, et c'est principalement sur la grosseur que se règle le prix de vente.

Les *charbons durs* sont bitumineux, collans, très-propres à la fabrication d'un beau coke, susceptible d'être employé dans les fonderies et les hauts fourneaux à fer. Ils brûlent avec une chaleur vive et soutenue, et, sous ce rapport, ils conviennent aux verreries, aux fours à pudler, aux machines à feu un peu fortes, travaillant avec un effet constant ; mais ils sont lents à s'embraser, et ne permettent pas de donner un coup de feu instantanément.

Ce charbon est très-peu pyriteux.

Voici le résultat des essais auxquels j'ai soumis cette qualité (1).

NUMÉRO DES ESSAIS.	NOMS DES COUCHES.	PESANTEUR SPÉCIFIQUE à 12° centig.	PERTE AU FEU en centièm.	PROPORTION DES CENDRES en centièmes.		COULEUR DES CENDRES.
1.	Plate veine.	1.263	30.80	1. 284		Fauve.
2.	«	1.275	30. «	1. 680		Id.
3.	«	1.287	33. «	2. 606	moyenne 1. 98	Id.
4.	«	1.273	29.60	1. 408		Id.
5.	«	1.265	28.40	1. 710		Id.
6.	«	1.272	32.80	3. 360		Id.
7.	«	1.266	27.50	1. 840		Id.
8.	Veine à 2 laies.	«	28.20	1. 22		Légèrem. fauve.
9.	«	1.262	31.20	1. «	moyenne 1. 27	Fauve.
10	«	1.263	34.80	1. 60		Légèrem. fauve.
11.	Bouleau.	1.264	35. «	4. 40		Fauve.

(1) Les charbons essayés ici provenaient de la concession du Nord du bois de Boussu.

Des essais en grand, faits en plein air sur ce charbon, ont donné 55 p. 0/0 d'un fort beau coke.

Le nombre des couches qui fournissent du *charbon dur* est de 29, parmi lesquelles on cite la *Plate veine*, le *Buisson*, les *Andriers*.

Le centre du bassin est occupé par une variété de charbon, dite *Flénu*; c'est un charbon brillant, bien taillé en rhomboïdes obliques, dont les faces portent des stries d'un aspect caractéristique, auxquelles on a donné le nom de *maille du Flénu:* il ne se réduit pas en poussière, mais en petits fragmens dont la surface est lisse. Lorsqu'il est en morceaux exempts de fissures, il se conserve très-long-temps. J'en ai vu des échantillons qui étaient dans les champs a la surface du sol sur d'anciennes haldes abandonnées depuis plus de cinquante ans, et qui avaient conservé leur solidité et leur cassure éclatante. Il ne présente pas les clivages si fréquens dans le *charbon dur*; il se partage cependant souvent parallèlement au lit, parce qu'il contient des plantes transformées en charbon de bois minéral, disposées par plans. Il est éminemment facile à embraser, brûle avec une flamme vive, longue et claire. Il est excellent pour chauffer à point nommé de grandes surfaces. On n'y trouve qu'une faible proportion de cendres, et très-peu de pyrites, aussi il ne donne pas de mâchefer. Il ne ronge pas les grilles des foyers qu'il alimente, et il ne corrode pas les appareils métalliques soumis à son action. Placé sur un feu allumé, il colle assez pour se tenir agglutiné, et pour que le menu ne passe pas à travers les barreaux, mais pas assez pour faire voûte, et pour exiger un travail continuel de la part du chauffeur. Tant de qualités, que lui seul présente réunies, ont été partout appréciées , et à Paris plus que nulle autre part, elles lui ont assuré une haute réputation, qui s'affermit tous les jours davantage. Il est spécialement recherché pour toutes les opérations des arts où l'évaporation joue un rôle important, et c'est le plus grand nombre. C'est par-dessus tout un charbon à chaudière.

Carbonisées en grand, les bonnes qualités de *Flénu* s'agglutinent bien, mais le coke qui en provient est moins serré, moins solide que celui qu'on fabrique avec le charbon dur ou avec le charbon de fine forge ; il serait moins convenable aux arts métallurgiques, il le serait davantage aux usages domestiques.

Pour la fabrication du gaz, il l'emporte aujourd'hui sur les charbons de Saint-Etienne eux-mêmes. En ce moment les charbons flénus de la compagnie de Wasmes et Hornu sont employés, exclusivement à toute autre houille, à l'usine anglaise du gaz ; et les autres établissemens d'éclairage paraissent portés à se servir aussi de houille de Mons (1).

Les couches du *Flénu* les plus éloignées du centre du bassin se ressentent un peu du voisinage du *charbon dur*. Sans cesser d'être d'une inflammation facile , elles résistent plus long-temps au feu ; sans se boursoufler, elles s'agglutinent mieux que celles qui terminent la série au centre. Elles forment une qualité intermédiaire très-recherchée dans le commerce.

Les importantes propriétés du *Flénu* n'ont pas contribué moins que l'heureuse situation géographique du bassin de Mons à exciter le vaste développement

______

(1) Le coke obtenu par la distillation du charbon de Saint-Etienne est cependant plus beau que celui qui provient du *Flénu.*

qu'y a pris l'industrie charbonnière. Elles assurent aux produits de ce bassin un écoulement facile , quand même des découvertes imprévues , ou de nouvelles lignes de navigation , viendraient à leur susciter des concurrences nouvelles sur les marchés où ils dominent aujourd'hùi. Aussi le *Flénu* forme-t-il la majeure partie de l'extraction des mines de Mons.

_Les divers essais auxquels j'ai soumis le charbon flénu ont fourni les résultats suivans (1) :

NUMÉRO DES ESSAIS.	NOMS DES COUCHES.	PESANTEUR SPÉCIFIQUE à 12° centig.	PERTE AU FEU en centièm.	PROPORTION DES CENDRES en centièmes.		COULEUR DES CENDRES.
1.	Grand Gaillet.	«	34. 80	2.86	moy. 2.43	Blanc.
2.	Id.	«	34. 20	1.84		Id.
3.	Id.	«	34. «	2.60		Id.
4.	Gaillette.	1.269	35. «	2.80	m. 2.80	Fauve.
5.	Id.	1.284	30. 80	2.80		Blanc.
6.	Renard.	1.279	38. 80	2.20	moy. 1.75	Un peu fauve.
7.	Id.	1.274	32. 80	1.40		Fauve.
8.	Id.	1.287	37. «	1.40		Id.
9.	Id.	«	35. «	2. «		Légèrem. fauve.
10.	Gade.	1.254	37. 20	1.50	m. 2.15	Blanc.
11.	Id.	1.277	35. 60	2.80		Id.
12.	Anas.	1.269	34. 20	1.80	m. 1.70	Id.
13.	Id.	1.269	33. 20	1.60		Id.
14.	Veine à l'aune.	1.272	37. 60	1.75		Fauve.
15.	Id.	1.306	35. «	2.73	moy. 2.05	Un peu fauve.
16.	Id.	1.266	33. 80	1.85		Id.
17.	Id.	«	39. 80	0.96		Id.
18.	Id.	«	35. 80	2. «		Blanc.
19.	Couch. de la Sentin.	1.303	28. 80	5.80	moy. 4.05	Fauve.
20.	Id.	1.272	30. 40	2.40		Id.
21.	Id.	1.287	35. 40	2.40		Blanc.
22.	Id.	1.301	31. 60	5.60		Id.
23.	Houbarte.	1.280	33. 60	2.80		Blanc.
24.	Franois.	1.267	32. 20	1.10		Fauve.
25.	Corneillette.	1.294	33. «	5.20		Blanc.
26.	Carlier.	1.271	31. 20	1.90		Légèrem. fauve.

(1) Les essais du n° 1 au n° 22 ont été faits sur des charbons de la concession du nord du bois de Boussu. Ceux de 22 à 26, sur des charbons de la concession de Hornu et Wasmes.

Il résulte de ce tableau que le Flénu est un charbon très-pur, et qu'il est surtout exempt de pyrite plus encore que les qualités précédentes.

Les couches qui fournissent le Flénu sont au nombre de 49, parmi lesquelles on distingue celles connues sous les noms de *Veine à l'aune*, *Carlier*, *les Franois*, *Belle et Bonne*, *Cossette*, *Veine à mouche*, *Houbarte*, etc.

Le nombre total des couches de charbon du bassin est ainsi de 114. Toutes ne sont pas exploitables à l'intersection de l'ensemble par un seul et même plan vertical. Les diverses coupes transversales, menées par divers points de la longueur du bassin, présentent à cet égard des différences. Il est beaucoup de couches qui donnent lieu à une extraction fructueuse dans quelques établissemens, et qui, plus loin, se trouvent rétrécies jusqu'à devenir inexploitables.

Ces couches ont une épaisseur peu considérable : elles se composent d'un ou deux bancs, quelquefois trois ou même quatre, appelés *laies*, massifs, solides, séparés entre eux, et du toit et du mur, par un schiste charbonneux, friable (*havrit*), qu'on enlève préalablement, ce qui facilite singulièrement l'abattage en *gros*. L'épaisseur de l'havrit est rarement au-dessus de $0^m,10$, quelquefois il manque, ou du moins il est très-réduit, soit au toit soit au mur. Son absence au mur est une grande difficulté. Il est rare qu'alors l'exploitation soit productive.

L'épaisseur du charbon, proprement dit, varie, pour la généralité des couches, de $0^m,40$ à $0^m,70$; cependant il est un petit nombre de couches qui en présentent jusqu'à 2 mètres.

La régularité du terrain houiller de Mons est remarquable, surtout dans les grands plats. Nulle part la houille n'y est en nids séparés par des rétrécissemens. Les variations de puissance ou de qualité ne s'opèrent que progressivement sur de grandes étendues. Lorsqu'il y a des changemens brusques, ils ont lieu, soit auprès des crochets que forme l'ensemble des couches, soit à quelques failles qui traversent le bassin. Il paraît qu'il existe près de Quiévrain, à la frontière de France, de grandes failles, et probablement aussi un resserrement de la formation houillère, qui séparent les exploitations de la compagnie d'Anzin du champ des travaux belges.

Il ne faudrait pas croire que tous les charbons de Mons, soumis à l'essai, donneraient des résultats semblables à ceux que j'ai présentés plus haut. Il existe plusieurs concessions, dont les produits ont ce haut degré de pureté ; telles sont celles d'*Hornu et Wasmes*, *Douze actions*, *Vingt actions*, *Belle et Bonne*, *Nord du bois de Boussu* ; il en est beaucoup d'autres qui en sont plus ou moins éloignées. Les belles qualités de charbon de Mons sont peu fissurées, mais dans beaucoup d'établissemens, la houille est traversée par un très-grand nombre de fentes disposées en tous sens, tapissées de chaux carbonatée spathique blanche, mêlée çà et là de pyrite. Souvent les *laies*, au lieu d'être de charbon massif, renferment des filets épars ou barres d'un schiste charbonneux mêlé de pyrite, ou d'une argile noire, se délitant à l'air, très-pyriteuse. De pareils charbons, exposés à l'air, s'échauffent lorsqu'ils sont à l'état de menu, et s'embrasent. Il est assez fréquent de voir des tas de *fines* prendre ainsi feu dans les établissemens du Flénu. C'est même un des motifs qui obligent plusieurs compagnies charbonnières à suspendre leurs travaux pendant la fermeture des canaux.

Une cause d'impureté moins grave, en ce qu'elle ne dénature pas le charbon, consiste dans le mélange de pierres détachées du toit ou du mur. C'est un inconvénient auquel on remédierait aisément, soit par un triage soigné au jour, soit par des précautions spéciales qu'il serait facile d'apporter à l'abattage. Les meilleurs charbons de Mons laissent à désirer sous ce rapport; les concessionnaires d'Hornu et Wasmes sont cependant parvenus à ne livrer au commerce que des charbons bien nettoyés; ils y ont réussi à peu de frais.

De toutes les qualités de charbon de Mons, le *Flénu* est le seul qui vienne en grande quantité à Paris. Actuellement il domine sur le marché.

Le charbon *sec* ne peut y trouver aucun débouché. On ne consacre à la cuisson de la chaux et du plâtre que des rebuts, ou de la *Chaussine* d'Auvergne, ou surtout du charbon de Fresnes, qui est bien supérieur pour les mêmes usages.

Le charbon de *fine forge* arrive en petite quantité à Paris, et il n'y a pas de cours. On ne le débite que quand il y a défaut de charbon de Saint-Etienne. Il est plus pur, moins pierreux que ne l'est souvent ce dernier, tel qu'on le livre à Paris, mais il a bien moins de *corps*, il est bien moins soudant; il s'éparpille sous le vent du soufflet. On pourrait l'employer avec avantage pour la fabrication du coke, dans les fonderies.

Le charbon *dur* se répand soit en Hollande, soit dans les départemens du Nord; il en vient un peu à Paris, à l'état de *gros*, pour le chauffage domestique ou pour quelques établissemens particuliers. Il me paraît probable qu'il y sera bientôt plus recherché, et en effet il y aurait avantage à l'employer pour la fabrication du coke dans les fonderies. Mêlé au Flénu qui est souvent un charbon *léger*, il l'améliorerait singulièrement pour un grand nombre d'usages et surtout pour les machines à vapeur.

Tout porte à croire qu'à Paris l'emploi de la houille, dans le chauffage domestique, va prendre une extension considérable, et qu'on se servira de ce combustible en le mêlant au bois dans les cheminées ordinaires. Or, pour cet usage, le charbon dur me semble devoir être, dans plusieurs cas, préféré au Flénu, quoiqu'il soit moins flambant, parce qu'il tient le feu plus long-temps et que le mélange du bois est certainement suffisant pour l'enflammèr.

Ce n'est pas ici le lieu d'entrer dans les détails techniques de l'exploitation des mines à Mons, je me bornerai à présenter à cet égard quelques observations générales.

Exploitation et produits.

Dans les établissemens les mieux conduits, l'exploitation a lieu par des puits de 300 à 400 mèt. de profondeur, ronds, ayant 3 mèt. de diamètre dans la partie non aquifère, rectangulaires et plus étroits dans le *cuvelage*.

Chaque puits est muni d'une machine à vapeur à basse pression, de la force de 30 à 40 chevaux.

Suivant que la couche est plus ou moins inclinée, on l'attaque par un système de gradins renversés ou par des tailles de front; dans l'un et l'autre cas on remblaie derrière soi; on ne laisse aucune partie de la houille en piliers ou étais; les bois de soutènement sont seuls perdus.

Les transports intérieurs sont faits par des hommes sur des chemins en fonte; récemment on a introduit dans une mine les chemins à ornières saillantes en fer, à peu près tels qu'ils existent à Anzin et à Aniche. Ils ne coûtent que 5 à 6 fr. le mètre courant, pose comprise, et ils exigent moins de *hercheurs* pour la même quantité de voiturage.

L'extraction a lieu par des tonnes ou cuffats d'une énorme capacité. Il y en a qui contiennent jusqu'à 1500 kil. de charbon, et plus. Ordinairement leur capacité est moindre, 12 hect. combles (1200 kil.), environ. On ne tire que pendant le jour.

Le produit journalier d'un pareil puits en pleine activité est de 1400 à 1800 hectolitres combles.

Chaque mine importante est munie d'une machine d'épuisement d'une force de 80 à 100 chevaux, dans le système de Newcomen. Le prix d'une pareille machine, y compris l'attirail des pompes en fonte, est d'environ 150,000 fr.

Dans des exploitations très-bien conduites, établies sur une grande échelle, où le gîte est d'une grande régularité, le prix coûtant de l'hectolitre comble s'élève à 63 cent. ou 65 cent. Au moyen de quelques améliorations de détail, il pourrait descendre à 60 cent.

A ces frais il faut joindre ceux de transport au bord du canal de Mons à Condé, frais qui sont à la charge de l'exploitant, car les charbons se vendent rendus au rivage. Pour le plus grand nombre des établissemens, ces frais s'élèvent de 10 à 15 cent. par hect. comble, y compris divers frais de manutention. Il y aura probablement bientôt sur cet article une diminution de moitié ou des deux tiers, au moyen de la construction d'un canal projeté et même commencé aujourd'hui sous le nom de canal du Flénu, et de divers chemins de fer, dont l'un est en exécution.

Le salaire des ouvriers est peu élevé et fort variable.

En hiver, c'est-à-dire en décembre, janvier, février, le prix du poste pour les ouvriers les plus habiles et les plus vigoureux descend à 1 fr. 10 c. ou 1 fr. 20 c. A dater de mars, il croît progressivement jusqu'en juillet et août, où il s'élève à 1 fr. 60 c., rarement à 2 fr. A partir de là, il retombe. Chaque homme fait assez habituellement poste et demi ; il reçoit alors en hiver 1 f. 65 c. environ, et pendant deux mois de l'été 2 fr. 40 cent., et quelquefois 3 fr.

Le nombre des ouvriers du fond et de la surface est, dans un grand établissement, de 75 à 80 par 100,000 hectolitres combles d'extraction annuelle.

Le capital nécessaire à une exploitation est considérable dans un terrain à *niveaux*, et presque partout on rencontre un pareil terrain, lorsqu'on veut atteindre les *grands plats* : on peut estimer que la somme nécessaire à l'établissement d'un charbonnage composé de 3 à 5 fosses d'extractions, avec une pompe à feu pour l'épuisement, achat de matériel, constructions, et fonds de roulement compris, s'élèverait au moins à 400,000 fr. par fosse. Ce chiffre a même été beaucoup dépassé dans la plupart des charbonnages actuels, et le plus souvent à cause de l'incurie ou de l'ignorance des exploitans.

Au sortir de la mine les produits sont classés, d'après leur grosseur, en différentes qualités.

Au Flénu on en distingue ordinairement trois :

1° *Gaillette* formée des plus gros morceaux, jusqu'à ceux qui ont environ un décimètre cube ;

2° Lorsqu'on a enlevé du *trait* la *gaillette*, tous les morceaux qu'on peut en séparer avec un râteau, dont les dents sont espacées de 6 à 7 centimètres, forment la *gailletterie*.

3ª Ce qui reste alors compose les *fines*.

C'est cette qualité dont le prix varie le plus ; lorsqu'elle est très-menue, ou mêlée de schiste, elle a beaucoup moins de valeur que quand elle est nette ou fragmentaire.

Au Flénu il y a peu de morceaux au-dessus de 8 à 10 décimètres cubes. Lorsqu'ils s'y trouvent un peu nombreux, on les met à part et on en forme une qualité très-recherchée, dite *gros à la main*.

La *gaillette* et la *gailletterie* réunies forment une qualité appelée *mélange* (1).

Lorsque les charbons ne sont pas aussi bien taillés ni aussi brillans que le sont ordinairement ceux qui proviennent de l'exploitation des grands plats, la division des produits se fait autrement, on ne distingue plus alors que deux qualités :

1° *Gros à la main*.

2° *Forge gailleteuse*, c'est-à-dire le *trait* d'où on a séparé le gros.

Ce mode de division est adopté dans les établissemens du *charbon dur*. Là il arrive quelquefois que l'on puisse, en outre du gros à la main, retirer du trait des gailleteries sans cesser d'avoir de belles forges gailleteuses.

Le charbon de *fine forge* se vend ordinairement tel qu'il sort de la fosse ; il est alors à l'état de *forge*, quelquefois peu *gailleteuse*. On peut parfois cependant en séparer un peu de *gros*.

Dans les meilleurs charbonnages du Flénu on peut estimer qu'en tenant compte des dérangemens acciden-

(1) Il se vend, sous ce nom, à Paris, beaucoup de charbons qui n'ont pas été achetés comme tels sur les rivages de Mons à Condé.

tels qu'éprouvent les couches, et déduction faite des déchets du voiturage au canal, *sur une grande quantité d'extraction il y a généralement moitié du trail en fines. L'autre moitié se partage à peu près également en gaillettes et gailleteries.*

Dans les établissemens de charbon dur les plus productifs, si la division se faisait de la même manière, les proportions seraient à peu près les mêmes, en rangeant la *gaillette* et le *gros* dans une seule et même classe (1). Ce sont au reste des nombres variables d'une exploitation à l'autre, d'une couche à la suivante. Ceux que j'ai indiqués sont regardés comme des résultats moyens annuels favorables. Il arrive parfois, mais seulement dans des circonstances exceptionnelles, que les fines n'entrent que pour 1/3 dans la masse totale.

Le produit des mines de Mons est extrêmement considérable. On ne peut l'évaluer à moins de 12 à 13 millions d'hectolitres combles, sur quoi 10 millions sont embarqués sur le canal de Mons à Condé.

Toutes les mines de France réunies ont fourni en 1825. . . . . 14,000,000 hect.

En 1826. . . . . 15,000,000 hect.

En 1828, sur 9,810,880 hectol. combles, embarqués sur le canal de Mons à Condé, il y avait

Charbon de *fine forge* et *charbon dur*	1,177,600 h.
Charbon *flénu*	7,245,600
Charbon mélange de toute espèce.	1,387,680
	9,810,880

---

(1) Le charbon dur fournit plus de Gros et moins de Gaillette que le Flénu.

Vente et transport à Paris.

Les charbons se vendent pour l'exportation sur les rivages du canal de Mons à Condé.

L'unité de mesure est le *muid*, qui se compose de quatre *mannes* ou hectolitres combles.

Le poids de l'hectolitre comble varie avec la nature des charbons et la grosseur des morceaux.

L'hectolitre comble de gaillette, du Flénu le plus léger, pèse 106 kilog.

Pour les Fiénus des diverses mines, il varie de 106 à 120 kilog.

Pour le *gros* du charbon dur, le poids ordinaire est de 125 kilog.

Le poids de l'hectolitre comble de forge gailleteuse varie de même de 100 à 110 kilog.

Les prix courans, par hectolitre comble, rendu sur les rivages, étaient

	en mai 1830,		en juin 1829	
Gros à la main.	2 fr.		1 fr.	875
Gaillette.	1	875	1	750
Gailleterie.	1	375	1	125
Mélange.	1	625	1	400
Forge gailleteuse.	0	962	0	850
Fines.	0	45 (1)	0	400

Depuis quinze ans les charbons ont été en baisse jusques et y compris l'année 1829. En 1810 l'hectolitre comble de forge gailleteuse pris sur les fosses, se vendait. (2). . . . . 1 fr. 63 c.

---

(1) C'est souvent beaucoup moins. Il est même des Fines qui restent invendues.

(2) Mémoire adressé au ministre de l'Intérieur par le préfet de Jemmapes (*Journal des mines*, tom. XI, pag. 257).

En 1829 il se vendait au rivage 85 c.; le prix correspondant sur les fosses serait de 0 72 c.

A partir de 1830, ils se sont un peu relevés, parce qu'aux conditions de 1829 le plus grand nombre des établissemens ne pouvaient plus subsister.

Mais ce mouvement de hausse me paraît ne devoir être que momentané, à cause de la tendance à la centralisation qui est manifeste parmi les mines de Mons. Ce bassin est partagé en un nombre très-considérable de concessions, fort restreintes pour la plupart, car il en est qui n'ont pas un kilom. carré de superficie, et qui ne comprennent que quelques-unes des couches renfermées dans leur périmètre. Tant que l'exploitation est restée sur une petite échelle, que chaque mine produisait peu et exigeait peu de capitaux, toutes les petites sociétés charbonnières, propriétaires chacune d'un lambeau de terrain houiller, ont pu exister les unes à côté des autres. Depuis quelques années des compagnies riches et puissantes qui avaient acquis des concessions plus étendues, ou qui les avaient formées de la réunion de plusieurs autres, ont élevé sur une grande échelle des charbonnages nouveaux, dont le vaste développement seul est une source de nombreuses économies. Ces grandes compagnies gouvernées aujourd'hui avec sagacité, munies de capitaux abondants, ont suscité aux anciennes sociétés charbonnières bornées dans leurs ressources et mal administrées, une concurrence redoutable dont l'effet a été de faire disparaître d'abord la classe des exploitans les plus pauvres, ceux qu'on appelle les *forfaiteurs* (1).

______

(1) C'étaient le plus souvent des ouvriers qui se réunissaient pour acheter à *forfait* le droit d'exploiter un petit périmètre déterminé.

La même cause continue à agir, c'est-à-dire que ceux des établissemens houillers qui sont les plus considérables par l'étendue de leurs concessions, par la quantité et la qualité des couches qui y sont renfermées, étendent incessamment leur développement de forces, et appliquent tous les jours de nouveaux perfectionnemens, dont la condition première est toujours une mise de fonds. Aussi le sort qu'ont éprouvé les forfaiteurs va être celui de la plupart des sociétés secondaires. Faute de pouvoir s'élever à la hauteur où se sont aujourd'hui placées les sociétés principales, de pouvoir porter leurs travaux et leurs relations commerciales au degré d'extension que celles-ci ont eu la puissance d'atteindre, elles vont se trouver engagées dans une lutte inégale, et elles ne tarderont pas à être absorbées par les grandes compagnies.

Une autre cause qui tend à diminuer le nombre des exploitations, consiste dans l'épuisement de quelques-unes d'entre elles qui figurent encore aujourd'hui parmi les plus importantes. Il est certain que plusieurs des établissemens du Flénu se trouveront arrêtés dans quelques années, parce que tout leur terrain sera dépouillé.

Une pareille centralisation ne s'opérera certainement pas sans que des intérêts particuliers ne soient gravement froissés; c'est la conséquence de l'état actuel de l'industrie, les malheurs individuels y sont presque toujours la condition du progrès.

Indépendamment d'une meilleure exploitation, qui amènera nécessairement une baisse dans les prix de vente, il en résultera un autre avantage par la diminution du capital nécessaire à l'exploitation du bassin de Mons. Pour une extraction de 12,000,000 à 13,000,000 d'hectolitres combles ; ce capital est aujourd'hui d'au moins 30,000,000 fr., et probablement beaucoup plus. Au moyen d'un système unitaire de travaux , il pourrait être réduit des 2/3.

La majeure partie des charbons de Mons s'embarquent sur le canal de Mons à Condé. Toutes les exploitations sont situées au midi de ce canal , à une distance de 3 à 4 kilom. au moins. Ce canal a été livré au commerce à la fin de 1814. Il est à grande section, d'une navigation très-commode.

De là pour arriver à Paris , voici la route suivant laquelle ils se dirigent : à Condé, ils entrent dans l'Escaut, qu'ils remontent jusqu'à Cambrai. Il y a du côté de Valenciennes quelques écluses simples à remplacer par des sas éclusés. Ces travaux vont être mis en adjudication.

A Cambrai ils passent dans le canal de Saint-Quentin qu'ils parcourent sur toute son étendue.

La partie la plus voisine de l'Oise, dite Canal Crozat , date de 1735 , l'autre partie, de Saint-Quentin à Cambrai , n'a été livrée à la navigation qu'en 1810. C'est un canal à grande section.

A Chauny , ils rencontrent l'Oise qu'ils descendent jusqu'à son confluent avec la Seine , à Conflans Sainte-Honorine ; de Conflans ils remontent à Paris.

L'Oise manque souvent d'eau. On s'occupe d'y remédier efficacement en la canalisant, et en la remplaçant sur une partie de son cours par un canal latéral.

La distance totale ainsi parcourue est de 340 kil. Savoir :

Sur le canal de Mons à Condé.	12 kil.
De Condé à Cambrai par l'Escaut.	53

A reporter   65

Report.	65 kil.
De Cambrai à Chauny, par le canal Saint-Quentin.	93. 40
De Chauny à Conflans, par l'Oise.	121. 50
De Conflans à Paris, par la Seine.	60. 00
	339. 90

Les charbons ne viennent pas directement à Paris. Ils sont d'abord déchargés à Compiègne, et là les marchands les remanient et les mélangent avant de les envoyer dans la vallée de la Seine.

Le déchet du transport est peu considérable dans le trajet par eau, avec certains charbons tels que ceux du *Grand Hornu*, de *Belle et Bonne*. Il ne dépasse pas alors 5 à 6 p. $^o/_o$ sur le *mélange*. D'autres, tels que ceux de Hornu et Wasmes, donnent 2 ou 3 fois autant de menu ; ce n'est qu'un très-faible inconvénient, lorsque le menu n'est pas pulvérulent, mais fragmentaire, comme il arrive avec les produits de cette dernière compagnie.

Pendant long-temps la navigation de Mons à Paris a été fort difficile. Le canal de Saint-Quentin était dans le plus mauvais état, il manquait d'eau ; l'Oise était dans le même cas, et elle offrait des passes dangereuses. Le trajet durait quelquefois un an. On ne transportait plus par eau que les matières telles que le charbon, dont la valeur première est très-peu considérable. Le roulage apportait à Paris les huiles de Lille, et ramenait au Nord les vins de Bourgogne : le mal était au comble en 1827. C'est alors que le Gouvernement s'est décidé à pourvoir aux réparations du canal et à l'amélioration de l'Oise, et prochainement, cette importante ligne de navigation présentera au commerce une voie prompte et facile. La durée du voyage pourra être réduite à un mois environ.

En 1827, les frais de transport des rivages de Mons à Paris s'élevaient, droits compris, par 1.000 kilog. à 30 fr. En 1829 ils étaient réduits à 21 fr. 50 c. (1).

A ce prix, les bateliers avaient peu ou point de bénéfice. Il existe cependant diverses considérations, d'après lesquelles ce chiffre me semble encore susceptible de réduction. Je vais les exposer succinctement :

En 1829, les travaux qui doivent assurer une quantité d'eau suffisante dans le canal de Saint-Quentin et de l'Oise, n'étaient pas terminés, ils ne le sont pas encore. La charge des bateaux n'a pas été ce qu'elle peut devenir. On n'a jamais navigué avec un tirant d'eau de plus de 1^m,30 correspondant avec les plus grands bateaux, à une charge de 180 tonneaux. On espère arriver à un tirant d'eau de 1^m,65, ce qui correspondrait à une charge de 200 à 220 tonneaux.

En ce moment la charge ordinaire est d'environ 120 tonneaux.

Au moyen de la transformation des écluses simples de l'Escaut, en sas éclusés, et des divers travaux aujourd'hui en exécution sur l'Oise, la durée, et par conséquent la dépense du voyage sera notablement réduite.

De la réduction dans la durée du trajet, il résultera que beaucoup de marchandises, qui étaient voiturées par terre, se dirigeront par la voie fluviale. Il y aura ainsi de la remonte du Midi au Nord, tandis qu'aujourd'hui tout le mouvement a lieu du Nord au Midi (2).

____

(1) Dans le moment actuel, c'est beaucoup plus. Par suite de circonstances accidentelles, le prix de 1827 s'est rétabli.

(2) En 1829 il n'est remonté qu'une dizaine de bateaux chargés, portant du plâtre et des cassons de bouteilles.

Ce sera l'origine d'une nouvelle économie dans les frais de transport, suivant cette dernière direction.

Enfin, actuellement les transports sont abandonnés à des bateliers isolés, dépourvus de capitaux ; les entrepreneurs de halage n'opèrent de même que sur une petite échelle. Si une compagnie puissante organisait sur toute la ligne de Mons à Paris, et surtout de Mons à Compiègne, un service de transports réguliers, comprenant conduite et halage, elle trouverait dans son unité, dans ses capitaux, la source d'une multitude de réductions que les bateliers actuels ne sauraient réaliser. Il est en ce moment peu d'industries qui méritent autant de fixer l'attention des capitalistes que la navigation intérieure de la France en général ; il en est peu qui soient susceptibles d'autant d'améliorations.

A son entrée en France, le charbon de Mons supporte un droit d'entrée de 30 c. par quintal métrique, décime non compris. Les droits d'entrée des charbons qui arrivent par la Meuse et la Moselle ne sont que de 10 cent.

Cet impôt a été établi pour protéger les mines françaises, et particulièrement celle d'Anzin. Or, s'il est constant, comme quelques personnes bien informées l'assurent, que ce vaste établissement réalise annuellement un bénéfice de 1,800,000 fr. (1) pour une extraction totale de 3,000,000 quintaux métriques, ou de 60 cent. par quintal métrique, il est évident que notre loi de douanes a pour unique effet aujourd'hui de doter d'une rente de 1,000,000 fr., aux dépens du consommateur français, une compagnie qui, livrée à

---

(1) Ce bénéfice s'est même élevé, dit-on, au-delà de 2,000,000 f.

elle-même n'aurait pas moins de 800,000 fr. de bénéfice.

Il est d'une administration paternelle et éclairée d'exciter le développement d'un art industriel là où il n'existe pas, lorsqu'il y a lieu de penser qu'un jour il pourra se soutenir de sa propre force. C'est en ce sens que tous les esprits impartiaux, persuadés qu'il existait en France des localités que la nature n'avait pas moins favorablement dotées en minerais de fer et en combustibles que le Staffordshire ou le pays de Galles, ont applaudi aux mesures protectrices récemment adoptées en faveur de notre industrie du fer; mais toute prime d'encouragement ainsi accordée ne peut être qu'un sacrifice momentané, imposé au pays, dans l'intérêt de l'avenir; elle ne doit pas dégénérer en un impôt établi sur tous, au profit d'un seul.

La houille de Mons supporte, à la sortie du royaume des Pays-Bas, un droit de $2^c,5$ par hect. comble.

Elle est encore frappée, à l'entrée de Paris, d'un autre droit, qui pèse également sur les charbons de tous les pays. Il s'élève nominalement à 68 c. 75 par hectol. comble, non compris un droit de mesurage de 6 c. 2; mais à cause du mode de mesurage, il n'est réellement perçu que 60 c.

Ce droit date intégralement des premières années de la restauration.

J'ai indiqué dans le tableau suivant les divers élémens du prix de transport, droits compris, pour l'année 1829, et pour l'époque prochaine, où les travaux d'amélioration de la ligne de navigation de Mons à Paris, aujourd'hui entrepris, seront achevés, et où le fret aura pris un cours réglé :

	En 1829.	Après l'achèvement des travaux.
	f.	f.
Partie des frais de chargement.......	o. o25	o. o25
Droits de sortie de Belgique........	o. o25	o. o25
Droits d'entrée en France..........	o. 33o	o. 33o
Fret...........................	1. 8oo	1. 5oo
Menus frais à Compiègne..........	o. 1oo	o. 1oo
Entrée à Paris....................	o. 6oo	o. 6oo
Droit de mesurage................	o. o62	o. o62
Débarquement et mesurage.........	o. o83	o. o83
Total par hec. comb. sur le port..	3. o25	2. 725
Ou par voie de 12 hect. comb.....	36. 3o	32. 7o

On en déduit, pour prix de la voie de *mélange* rendue chez le consommateur, en 1829, dans les circonstances les plus favorables :

Prix d'achat sur les rivages de
Mons à Condé.   16 f. 80
Transport, droits compris.   36. 30
Transport dans Paris.   2. 50
____
55. 60

C'eût été pour la voie de forge gailleteuse 49 fr. A cette somme il faudrait ajouter divers menus frais de loyers, commissions, les frais généraux, l'intérêt des capitaux, et le bénéfice du marchand.

Cependant la voie de *mélange* se vendait alors à 6 mois de crédit à raison de 56 à 58 fr., quoiqu'il n'y eût pas d'encombrement sur le marché. Cela tient à ce que les marchands, à Paris, gagnent sur la mesure, et à ce qu'ils mêlent aux premières qualités des produits de moindre valeur, soit à Compiègne soit à Paris.

Les droits restant tels qu'ils sont aujourd'hui, le prix de la voie de *mélange* de charbon de Mons, après l'achèvement des travaux en exécution sur le canal de Saint-Quentin et sur l'Oise, sera probablement de 52 f. à 53 fr.

Mines d'Anzin.

Parmi les houillères qui peuvent faire concurrence sur le marché de Paris aux mines de Mons, les principales au Nord sont celles d'Anzin.

Le terrain houiller d'Anzin est le prolongement de celui de Mons. Il offre avec lui la plus grande conformité par sa composition et son allure générales, par sa régularité, par la direction des couches; en un mot, par l'ensemble de ses caractères. Comme lui il est recouvert par des *terrains morts* qui, là, varient de 50 m. à 100 m. d'épaisseur, et qui renferment des *niveaux* puissans. Comme lui, il se compose de zones parallèles renfermant des charbons de nature diverse; il en existe au moins deux nettement déterminées, l'une exploitée autour du village d'Anzin, qui fournit un charbon bitumineux, collant; l'autre plus au Nord, vers Raismes, séparée de la première par une épaisseur de 600 à 700 mètr. de terrain stérile, et d'où on retire du charbon *maigre*, flambant. On extrait en outre par les travaux de Fresne et de Vieux-Condé, du charbon *sec* de première qualité.

Les travaux récemment établis du côté de Denain, ont conduit à la découverte d'un autre système de couches, dont le charbon, non moins bitumineux que celui d'Anzin, n'est pas aussi collant, et qui, par conséquent, a quelques analogies avec le Flénu de Mons.

Les contournemens généraux du terrain de Mons se retrouvent à Anzin, mais le nombre d'inflexions y est beaucoup moindre. Dans toute l'étendue de l'exploitation centrale sise à Anzin, on n'a observé que deux *droits* inclinés ordinairement de 75° vers le Midi, réunis par un *plat* assez peu incliné, de 15° moyennement.

Les couches formant le faisceau du Nord, vers Raismes, n'ont qu'un seul pendage de 25 à 30° ordinairement. Celles de Fresnes et de Vieux-Condé, sur les rives opposées de l'Escaut, n'ont de même qu'un pendage dirigé de part et d'autre, vers le lit du fleuve.

Le nombre des couches est considérable. Mais il en est une très-grande partie dont l'épaisseur, moindre de 03, est trop faible pour qu'on puisse les exploiter. Dans l'exploitation d'Anzin, proprement dite, il n'en existe qu'une douzaine qui donnent lieu à des travaux. Leur puissance varie entre les limites qui comprennent les couches de Mons; elle est rarement supérieure à $0^m,70$.

L'intervalle moyen entre ces douze couches, est de 60^m environ. Au Flénu, la distance moyenne de deux couches successives n'est que de 15^m.

Le mode général d'exploitation est le même à Anzin et à Mons. La profondeur des puits est de 300 à 400 mètres (1) ordinairement. Ceux que l'on perce actuellement sont établis sur une largeur de 3 mèt., avec

____

(1) Ceux de Denain ne dépassent pas 200 mètres.

un cuvelage octogone; ils fournissent une médiocre quantité de charbon; environ 600 à 700 hectolitres combles par jour. Les machines à vapeur, dont est muni chaque puits, sont de la force de 16 chevaux seulement.

L'établissement d'Anzin est colossal. En septembre 1829 j'ai compté à Anzin et à Raismes 13 fosses en activité; il y en a habituellement un plus grand nombre, et au besoin, la compagnie peut en mettre 40 en extraction. Indépendamment de ces immenses développemens de travaux souterrains, de vastes ateliers à la surface, tels que fonderie, scierie, corderie, tours et allésoirs, forges, charpenterie, etc., sont consacrés à la fabrication de toutes les machines, appareils, et simples pièces dont on a continuellement besoin.

Le plus grand ordre préside aujourd'hui à la distribution et à la combinaison de ces travaux du fond et du jour, et c'est cet ordre, cette unité, qui est la cause principale de la haute prospérité à laquelle se sont élevées ces mines, prospérité qui resterait encore brillante, quand même la protection de notre loi de douanes leur serait retirée.

L'extraction annuelle s'élève à Anzin à 3,000,000 hect. combles. Elle occupe environ 4,500 ouvriers (1).

Le prix coûtant d'un hectolitre comble peut être évalué de 70 à 75 cent., à quoi il faudrait joindre, pour transport au rivage et mise en bateaux, environ 12 c.

Il me paraît probable qu'il serait moins considérable, si les divers ateliers d'extraction étaient éta-

---

(1) Ce chiffre comprend tous les ouvriers de l'établissement : Je ne pense pas que l'exploitation proprement dite exige plus de 100 ouvriers par 100,000 hect. combl. de produit annuel.

blis sur une aussi grande échelle que ceux de Mons.

Les charbons d'Anzin sont de trois sortes :

1° Les uns, ceux d'Anzin, proprement dits, sont gras, collans, tenant bien le feu, peu sulfureux en général, assez propres à la fabrication du coke, médiocrement convenables pour la forge, relativement à ceux de Saint-Etienne, et même aux fines forges de Mons. Ils présentent beaucoup d'analogie avec le charbon *dur :* ils ne sont employés à Paris que pour les chaudières, les grilles grandes et petites; aujourd'hui, le Flénu leur est généralement préféré. Ils sont plus terreux que lui, donnent plus de mâchefer, et ménagent moins les appareils métalliques avec lesquels ils sont en contact. Ils se boursoufflent sur la grille, font voûte, et fatiguent davantage le chauffeur (1). C'est un charbon taillé irrégulièrement, offrant, comme le charbon *dur* de Mons, des sens de division perpendiculaires au lit, mais beaucoup plus fragile que lui.

On le partage principalement en deux qualités, le *gros* ou *gaillette* et le *gailleteux* ou *forge gailleteuse*. Le *gros* y est en petite quantité 1/20 environ. Les charbons menus et impurs forment une troisième qualité qu'on n'exporte pas.

Les charbons que fournissent les trois puits de Denain, sont moins collans que ceux d'Anzin proprement dits. Ils sont plus flambans; en un mot, ils se rapprochent du Flénu.

2° Les mines de Raismes fournissent un charbon

---

(1) Cette dernière considération, qu'on pourrait croire d'une médiocre importance, est très-puissante à Paris, parce que les propriétaires laissent les chauffeurs seuls juges de la qualité du charbon qui convient à leur établissement.

de grille *maigre*, plus brillant, plus gailleteux que celui d'Anzin, mais traversé de barres; plus sulfureux, plus difficile à embraser, brûlant plus lentement, avec moins de chaleur, sujet à s'effleurir, et à perdre ainsi une partie considérable de leur puissance calorifique.

3° Des mines de Fresnes et de Vieux-Condé on extrait un charbon *sec*, brûlant lentement, sans flamme et sans fumée, tantôt solide, à cassure conchoïde, semblable à l'anthracite, tantôt se divisant suivant des plans perpendiculaires au lit; d'autres fois fragile, et portant des stries parfaitement pareilles à la *maille du Flénu*. Vu la construction vicieuse de la plupart des cheminées à Paris, il y est quelquefois recherché pour le chauffage domestique, quoiqu'il ne donne pas un feu ardent, même mêlé au bois. Son usage spécial est la cuisson de la chaux et des briques.

Les essais auxquels j'ai soumis quelques échantillons choisis de charbons d'Anzin ont donné les résultats suivans :

NUMÉRO des ESSAIS.	INDICATION des CHARBONS.	PESANTEUR spécifique A 12° CENTIGR.	PERTE au feu EN CENTIÈM.	CENDRES en CENTIÈMES.	COULEUR des CENDRES.
1.	Fresnes anthracite.	1. 360	7. 20	0. 75	brun fauve.
2.	Fresnes strié. . . .	1. 369	9. 60	4. 25	blanc.
3.	Fresnes très-strié. .	1. 354	9. 40	2. 25	Id.
4.	Anzin.	1. 284	25. »	3. 50	brun.

En 1828, l'extraction des mines d'Anzin, Raismes, Fresnes et Vieux-Condé, s'est élevée à 3,050,000 hect. combl. savoir :

Fresnes. et Vieux-Condé	900,000 h.
Anzin et Raismes	2,150,000
	3,050,000

Composés ainsi qu'il suit :

Gros	160,000 h.
Gailleteux	2,500,000
Menu	390,000
	3,050,000

A la vente, on mêle ordinairement les produits d'Anzin et de Raismes.

La compagnie livre ses charbons rendus sur l'Escaut, et mis en bateau , aux prix suivans :

Forge gailleteuse d'Anzin	1. f. 375	l'hect. com.
Id. Denain	1. 375	
Id. Fresnes	1. 40	
Gros d'Anzin, Denain ou Fresnes	2. 25	

La quantité de ces charbons qui vient à Paris est très-variable. Aujourd'hui elle est fort bornée ; ils ne descendent guère au-delà de Compiègne. De Fresnes il arrive annuellement 20 bateaux environ , exclusivement destinés à la cuisson de la chaux , à part un peu de gros qui sert au chauffage domestique.

Le trajet parcouru par les charbons d'Anzin pour venir à Paris est de 323 kilom. , savoir :

De Valenciennes à Cambrai , sur l'Escaut	48 kil.
De Cambrai à Paris , par le canal Saint-Quentin , l'Oise et la Seine	275
	323

Le tableau suivant contient le détail des frais de transport par hectolitre comble de charbon d'Anzin , pour l'année 1829, et pour l'époque prochaine où les travaux d'amélioration du canal de Saint-Quentin et de l'Oise seront achevés.

	En 1829.	Après l'achèvement des travaux.
Fret d'Anzin à Paris	1. 500	1. 300
Menus frais à Compiègne	0. 100	0. 100
Entrée à Paris	0. 600	0. 600
Droit de mesurage	0. 062	0. 062
Débarquement et mesurage	0. 083	0. 083
Total.	2. 345	2. 145
C'est par voie de 12 hect. comb.	28. 14	25. 70
Plus prix d'achat	16. 50	16. 50
Transport dans Paris.	2. 50	2. 50
Total	47. 14	44. 70

Pour Denain, ce serait de même ; pour Fresnes, ce serait 10 c. en sus, par hect. comble ; ou 1 f. 20 c. par voie. A Anzin, la mesure est moins favorable à l'acheteur qu'à Mons. Il y a une différence de 3 à 4 p. 0/0.

Mines d'Aniche.

Sur le prolongement de la même bande houillère à l'ouest d'Anzin, sont situées les mines d'Aniche. Le charbon qu'elles fournissent est assez analogue à celui des mines d'Anzin : mais, à beaucoup d'égards, les circonstances de l'exploitation y sont moins favorables. Les niveaux y existent plus puissans, les terrains morts atteignent jusqu'à 200 mètres d'épaisseur. Les couches de charbon y sont moins épaisses, les frais d'épuisement y sont énormes. On peut évaluer à 1 fr. 15 le prix coûtant actuel d'un hectolitre comble. Ce chiffre me paraît, il est vrai, susceptible de réduction.

Les charbons d'Aniche sont plus propres que ceux

d'Anzin à la forge et à la fabrication du coke; ils sont ordinairement menus, et le triage en est généralement peu soigné.

L'extraction annuelle s'élève à 300,000 hectolitres combles environ, dont 1/3 au plus est vendu sur l'Escaut à Bouchain, à raison de 1 fr. 52 c. l'hectolitre comble. A part une très-petite portion de gros, le reste se compose de menus inférieurs.

Il vient fort peu de charbon d'Aniche à Paris. Le fret serait à peu près le même que pour Anzin, 5 c. de moins par hect. combl. ; et la distance parcourue de 300 kilom. environ. Ainsi la voie de 12 hectol. combl. , rendue chez le consommateur , coûterait, au prix de 1829 ,

achat sur le rivage ,	18 fr.	24 c.
fret , etc.	27	40
transport dans Paris ,	2	50
	48	14

Le terrain houiller se prolonge en France , à l'ouest d'Aniche. Divers travaux de recherches ont été établis dans le département du Pas-de-Calais pour le découvrir. Un puits foncé à Mouchy-le-Preux près Arras, en 1806 , rencontra à 152 mètres de profondeur, des terrains qui offraient de grandes analogies avec les terrains houillers de Valenciennes et de Mons : cependant, après avoir dépensé 242,000 fr. , les actionnaires, saisis d'une terreur panique, à la suite d'une suspension de travaux qui ne devait être que momentanée , renoncèrent à leur entreprise ; et depuis lors, ce puits , profond de 172 mèt. , est resté sans que personne ait voulu en reprendre le foncement , malgré les chances de succès que présenterait une exploitation de houille , placée aux portes d'Arras , au centre d'un pays où la consommation de combustible minéral est énorme (1).

Indépendamment des recherches de Mouchy-le-Preux, il en a été effectué d'autres autour de Valenciennes. Le succès qui a couronné celles de la compagnie d'Anzin à Denain , et le désir général dans la contrée de se soustraire au monopole de cette compagnie , ont donné l'éveil ; des sondages ont constaté l'existence du charbon hors des périmètres qu'elle possède , et en ce moment plusieurs demandes en concession sont en instance.

Mines de Charleroi.

Il est encore dans le Nord des charbons qui pourront venir un jour à Paris ; ce sont ceux de Charleroi : mais leur arrivage est subordonné à l'établissement d'un canal de jonction entre la Sambre et l'Oise, canal depuis long-temps projeté , mais dont la réalisation n'est encore qu'une éventualité. Je me bornerai donc , au sujet de ces mines , à quelques observations succinctes.

Le terrain houiller de Charleroi est le prolongement de celui de Mons ; il offre des contournemens généraux d'une nature particulière.

Son étendue est considérable. Il a environ 2 myriamètres de long sur 16 kilom. de large. Il est partagé en un très-grand nombre de concessions.

______

(1) Le détail des travaux exécutés à Mouchy-le-Preux, des dépenses nécessaires pour terminer aujourd'hui l'entreprise, et des chances de succès qu'elle offrirait, a été exposé, entre autres considérations, par M. l'ingénieur en chef des mines, Garnier, dans un mémoire couronné par la Société d'Agriculture, du Commerce et des Arts de Boulogne.

La houille qu'il fournit est d'excellente qualité pour le chauffage domestique, et pour les usages métallurgiques : elle convient également à la forgerie ; on l'emploie aujourd'hui principalement à l'état de coke (1) pour la fusion des minerais de fer dans les hauts fourneaux des environs de Charleroi. Telle est la qualité de ce charbon et du minerai traité dans ces usines, que l'on est parvenu, dès l'origine, à y fabriquer des quantités considérables de fonte de qualité constamment supérieure. L'industrie des fers va, sans doute, prendre à Charleroi un immense développement.

L'arrivage à Paris des charbons de Charleroi, lorsqu'il aura lieu, nuira probablement à tous les charbons autres que le flénu, et même à ceux de Saint-Etienne.

La longueur du trajet sera de 370 kilom. environ.

Le prix de l'hect. comble de forge gailleteuse est, à Charleroi, de 70 cent. Le prix du transport, droits compris, peut être évalué approximativement à 3 fr. ce qui porterait le prix de la voie rendue chez le consommateur à 47 fr.

Mines de Saint-Etienne.

Parmi les charbons du Midi, qui figurent sur le marché de Paris, ceux de Saint-Etienne occupent le premier rang. On en jugera par le tableau suivant, qui indique le nombre des bateaux de charbon qui ont traversé le canal de Briare, et le lieu de leur départ.

---

(1) On en retire en grand dans des fours 67 p. o/o de coke.

	SAINT-ÉTIENNE.	AUVERGNE.	MOULINS.	BLANZY.	DECIZE.	TOTAUX.
Du 1er juillet 1825 Au *Idem.* 1826	1500	400	109	56	75	2140
Du *Idem.* 1826 Au *Idem.* 1827	1700	364	35	54	69	2222
Du *Idem.* 1827 Au *Idem.* 1828	1100	302	109	137	116	1754

Le terrain houiller de Saint-Etienne, y compris le territoire de Rive de Gié, a dans sa plus grande longueur 46. 250 mètr., sa plus grande largeur est de 1300 m., sa superficie de 221 kilom. carrés.

Il repose soit sur des gneiss, soit sur des schistes micacés ou talqueux.

A part un petit nombre de sommités, où l'on voit à la surface un terrain d'une origine assez problématique, le terrain houiller est partout à jour; on est ainsi affranchi des *niveaux*, causes si graves de dépenses et d'accidens dans le bassin de Mons.

Le bassin est partagé en deux parties distinctes, ayant pour centres l'une Saint-Etienne, l'autre Rive de Gié, qui diffèrent l'une de l'autre par leur étendue, par le nombre des couches qu'elles renferment, par la disposition du gîte houiller et les difficultés de l'exploitation, et par leurs débouchés. Nous ne nous occuperons que de la première, qui est la plus vaste, la plus riche et la plus commodément disposée pour l'exploitation, parce que seule elle verse ses produits dans la vallée de la Loire. Les exploitations de Rive de Gié envoient les leurs vers le Rhône et la Saône.

Autour de Saint-Etienne le terrain houiller est très-dilaté. Ce n'est plus, comme à Mons, un ensemble de couches de direction fixe, remplissant un énorme sillon tracé dans le terrain environnant; c'est une formation gisant sur un terrain inégal, ondulé, dont elle reproduit, par l'inflexion des couches qui la composent, les inégalités et les ondulations, et qui est elle-même découpée en divers sens par des vallons plus ou moins profonds (1). De cette configuration montueuse, commune au terrain primitif, sur lequel est moulé le terrain houiller, et au terrain houiller lui-même, il résulte que ce dernier se compose d'un ensemble de bassins partiels qui constituent autant de centres isolés d'exploitation.

Dans chaque centre en particulier, la forme des couches est habituellement celle d'une calotte renversée : cette allure est connue sous le nom de *cul-de-bateau*.

____

(1) Dans un travail remarquable à tous égards, dont un extrait a été publié dans les *Annales des Mines* (1816), et auquel j'ai emprunté une partie des renseignemens contenus ici sur les mines de Saint-Etienne, M. Beaunier, inspecteur divisionnaire au corps royal des Mines, a fait remarquer que « à quelques excep- « tions près, toutes les couches du terrain houiller sont inclinées « en sens opposé des monticules isolés ou des coteaux qui appar- « tiennent à la formation : et que l'on voit ainsi les affleuremens des « couches ceindre, presque de toute part, ces monticules ou co- « teaux, et se projeter sur les cartes par des lignes sinueuses, dont « les points diffèrent généralement peu de niveau. » D'où il a été conduit à conclure que « les points les plus bas du terrain primitif, « sur lequel la formation des houilles a été déposée, répondent pré- « cisément aux points de cette formation, qui sont aujourd'hui les « plus élevés; ou, en renversant la proposition, que les dernières « vallées creusées dans la formation des houilles courent générale- « ment sur des points qui correspondent aux sommités primitives « que cache le sol actuel. »

M. Beaunier a partagé ainsi le terrain des environs de Saint-Etienne en six groupes (1), savoir :

Celui de Firminy , comprenant   18 couches reconnues.

Celui de Roche-la-Molière,   9

Celui de la Ricamarie et la Beraudière ,   21

Celui du Cluzel , de Villards , de Montaud,   11

Celui du Treuil , du Cros, de Fay, etc. ,   13

Celui de Côtes-Thiollière , du bois d'Aveize ,   12

Celui de Saint-Chamond ,   3

Les diverses couches , renfermées dans chaque groupe , ne sont pas toutes exploitées. L'abondance du gîte est telle que , jusqu'à présent, les travaux ont été principalement dirigés sur celles qui sont les plus productives, sur celles surtout dont la qualité est la meilleure. Il en sera de même pendant long-temps encore.

La puissance des couches est très-variable, soit lorsqu'on les compare entre elles, soit lorsqu'on en considère une seule et même , en différens points. Ce ne

---

(1) Dans les intervalles qui séparent ces groupes , et notamment entre ceux de Firminy et de Roche-la-Molière, le terrain houiller est d'une allure très-peu réglée, la houille s'y trouve par sacs plutôt qu'en couches suivies, ce qui tendrait à faire penser que , postérieurement à son dépôt, le terrain houiller a été soumis à des dislocations et à des soulèvemens , dont l'effet a été de séparer un système unique primitivement déposé, en plusieurs systèmes partiels, isolés par des brouillages. Cependant M. Beaunier a émis une opinion contraire , et il a cité , à l'appui , des faits multipliés qui paraissent très-concluans.

sont pas, comme dans les mines du Nord, des couches bien réglées, comprises entre des plans parallèles ; ce sont des bancs très-souvent accidentés, par des renflemens qui leur donnent subitement une épaisseur considérable (16 à 20 mètres), ou par des rétrécissemens (*coufflées*), qui souvent les réduisent tout à coup à un simple filet charbonneux, ou même qui ne conservent plus aucune trace du combustible.

Il n'y a aucune relation nette entre le nombre et l'étendue des *coufflées* qui affectent les couches et la qualité de la houille. Il arrive cependant que quelques-unes des couches qui donnent des charbons de bonne qualité et purs, soient plus exemptes que d'autres de variations subites, et surtout des étranglemens produits par les *coufflées*. Cette observation se vérifie entre autres sur la couche dite *Saignat* (Roche-la-Molière), dont les produits sont si recherchés à Paris, et sur la *grande Masse* de Firminy.

La puissance moyenne des couches exploitées, à part les coufflées et les renflemens, va quelquefois jusqu'à 8 ou 10 m. Elle est néanmoins rarement audessus de 5 à 6 m., plus rarement au-dessous de 1 m. Elle est généralement plus grande à la partie inférieure des berceaux qu'elles forment, que sur les bords, lorsque ceux-ci sont en talus prononcé.

La plus grande inclinaison des couches est le plus souvent à leur affleurement, et là elle ne dépasse pas 30° ; elle y est ordinairement de 15 à 18°.

La plupart des couches sont coupées en deux ou trois parties par des nerfs d'un schiste appelé dans le pays, *Gore*.

A Saint-Etienne on n'a pas, comme à Mons, au toit et au mur des couches, ce schiste friable, appelé *Ha-*

vrit, qui sépare la houille de la roche solide, et qui donne tant d'avantage pour la facilité de l'abattage, et pour la proportion du *Gros*. Un très-grand nombre de couches s'y trouvent immédiatement comprises entre deux bancs de grès.

Le bassin de Saint-Etienne fournit deux variétés de houille.

L'une est la houille maréchale, la seule qu'on exporte aujourd'hui à Paris et celle qui donne lieu à la plus grande partie des exploitations. Elle est très-brillante, d'un beau noir, à structure schisteuse, laminaire ou grenue, tendre, supportant peu les transports, éminemment collante. En général, elle est passablement pyriteuse, celle qui provient de la couche dite *Saignat* l'est moins que les autres.

Deux expériences, faites pour déterminer sa pesanteur spécifique, ont donné, l'une   1. 288

l'autre   1. 347

Elle est évaluée (*Journal des Mines*, tom. **XI**, page 412) à   1. 287

Elle perd au feu 30 à 33 p. 0/0 de son poids.

Les meilleures qualités renferment 2 à 2 1/2 p. 0/0 de matières terreuses.

Sur la grille, elle colle et brûle avec une chaleur extrême ; les matières terreuses dont elle est mêlée, se fondent, et forment du mâchefer sur les barreaux. La pyrite qu'elle renferme ronge les barreaux et attaque les appareils en tôle, en fonte ou en cuivre en contact avec la flamme : c'est un charbon de grille bien moins *doux*, bien moins commode que le Flénu, plus difficile à régler, mais beaucoup plus chaud.

Il y a de grandes différences entre les produits des diverses exploitations, sous le rapport de la proportion des cendres et de la pyrite qui sont intimement associées au charbon, et des schistes qui s'y trouvent accidentellement mêlés.

La 2me variété de charbon de Saint-Etienne diffère de la précédente, en ce qu'elle est beaucoup plus inflammable, plus solide, qu'elle s'abat mieux en gros; c'est spécialement un charbon de grille et de chauffage. Elle s'échauffe trop vite à la forge, et brûle le fer. Plusieurs houilles, appartenant à cette variété, s'améliorent pour la forgerie par l'exposition à l'air, ou par le transport par eau à l'état de menu.

La houille maréchale menue est celle qu'on carbonise de préférence pour les hauts fourneaux qui existent dans les environs de Saint-Etienne. Elle fournit en grand

dans des fours	60 p. 0/0 de coke.
en plein air	50 p. 0/0.

La fabrication du coke pour les usines métallurgiques, soit des environs, soit éloignées, est un des débouchés les plus importans des mines de Saint-Etienne. Plusieurs exploitans en fabriquent ainsi qu'ils vendent à raison de 12 fr. les 1000 kil. pris sur la mine.

Les analyses de trois cokes différens, fabriqués en plein air pour la consommation des hauts fourneaux du Janon, faites par M. J. A. Raby (*Industriel*, *avril* 1829), de manière à fournir des indications moyennes très-exactes, ont donné les résultats suivans :

	COKE DE LA CHAUX.	COKE DU GAT.	COKE DE POYETON.
Carbone............	87.959	85.759	85.80
Soufre............	0.301	0.900	0.60
Cendres............	11.740	13.150	13.69
Total............	100.00	99.809	100.29

L'analyse complète des cendres a donné

	COKE DE LA CHAUX.	COKE DU GAT.	COKE DE POYETON.
Silice............	53.404	50.316	51.5170
Alumine............	30.800	31.985	33.6010
Pérox. fer.........	11.086	11.295	12.8330
Chaux............	0.377	0.353	0.4100
Manganèse.........	0.100	0.075	0.0003
Pérox. manganèse..	0.940	0.023	0.0300
Acide sulfurique...	0.464	0.105	0.1625
Acide phosphorique.	0.019	0.048	0.0570
Potasse et soude...	0.030	0.014	0.0230
Perte............	1.870	5.606	1.3661
	100. «	100. «	100. «

Ces cokes provenaient des mines de la compagnie du Janon, dont les produits sont d'assez bonne qualité.

Le coke de Saint-Etienne est très-solide, très-serré; dans un fourneau à courant d'air forcé, il brûle avec une très-vive chaleur. Il paraît néanmoins être peu propre à la production de la fonte douce dans les fourneaux et à sa conservation dans les fourneaux à la Wilkinson. Plusieurs fondeurs de Paris lui reprochent de blanchir la fonte et de l'aigrir à la seconde fusion. Il est vrai qu'ils ne se servent que de coke obtenu en vase clos. Cependant celui qui est fabriqué dans les mêmes circonstances avec du charbon *dur* de Mons n'a pas le même inconvénient, il rend même la fonte graphiteuse. C'est d'après ces observations que l'un des plus habiles fondeurs de Paris, M. Laurent Thiébault, mélange, pour la carbonisation, le charbon de Saint-Etienne et le charbon *dur* de Mons.

Le terrain houiller de Saint-Etienne est partagé en un grand nombre d'exploitations. Le bassin entier, y compris le territoire de Saint-Chamond et Rive de Gié, a été divisé en 56 concessions très-inégales, parmi lesquelles on n'en exploite que 35, dont 18 sont situées dans l'arrondissement houiller de Saint-Etienne.

Le mode d'exploitation y est simple et peu dispendieux. Il n'exige pas ce grand développement de travaux, indispensable dans les mines du Nord.

On atteint les couches, soit par des galeries d'écoulement; soit par des *fendues*, c'est-à-dire par des galeries inclinées, en s'enfonçant suivant leur propre pente; soit par des puits verticaux, au fond desquels on conduit une galerie à travers bancs. Ce dernier mode domine aujourd'hui (1).

La profondeur des puits est très-peu considérable. Ils ont 40, 50, 70 m. Il est très-rare qu'ils aillent jusqu'à 100 m. (2).

Lorsqu'on est arrivé à une couche, on y conduit des galeries horizontales dites *fonds*, larges au moins de 2 mètres, le plus souvent de 3 à 5 m. Les piliers laissés

---

(1) Il existe encore à Firminy une exploitation à ciel ouvert.

(2) Il n'est question ici que des mines situées sur le versant de la Loire. A Rive de Gié, l'exploitation exige l'emploi de moyens beaucoup plus puissans : les puits y ont jusqu'à 360 mètres.

entre elles, ont 8 à 10 mètres d'épaisseur, lorsque la couche est très-puissante ou que la houille en est friable. Avec des couches peu épaisses et solides, on leur donne beaucoup moins, 2, 3 ou 4 mètres. Ils sont recoupés par des galeries d'inclinaison dites *descentes* ou *pointes*, ordinairement moins larges que les *fonds*. Lorsqu'on a poussé ce système de galeries rectangulaires aussi loin qu'on se l'était proposé, on revient sur ses pas, en enlevant le plus possible de la houille laissée en piliers.

Le *dépilement* s'opère sans esprit d'aménagement. Il est rare qu'on ne sacrifie pas alors une grande quantité de charbon : lorsque les couches sont puissantes, on en abandonne au toit ou au mur, souvent à l'un et à l'autre, des bancs intacts, qu'aux prix courans on ne saurait extraire sans perte. Il arrive ainsi quelquefois qu'on ne retire pas la moitié de la houille : cependant il existe quelques exploitations où, à l'aide d'un boisage bien entendu, au moyen de remblais, et sur des couches minces, on l'enlève entièrement.

Le roulage intérieur a lieu sur des chemins à ornières en fonte. La hauteur des couches et la bonté du toit permettent le plus souvent de donner aux galeries des dimensions telles qu'on puisse se servir de chevaux pour ces charrois. Depuis un petit nombre d'années on emploie ainsi beaucoup de chevaux dans les travaux souterrains (1).

L'extraction s'opérait autrefois par de petites galeries d'écoulement ou par des *fendues*, soit à dos d'homme, soit à l'aide de machines à molettes. Ac-

---

(1) En 1827 il y avait, d'après M. Beaunier, 200 chevaux mis en action dans les travaux souterrains à Saint-Etienne et à Rive de Gié. En 1820 il n'y en avait pas un seul (*Enquête sur les fers*).

tuellement elle a lieu par des puits verticaux, au moyen d'un manège ou d'une machine à vapeur.

On épuise les eaux, soit par des pompes mises en mouvement par les machines d'extraction, soit simplement avec une tonne.

Quelques-unes des mines de Saint-Etienne sont sujettes à prendre feu. Ces incendies sont heureusement arrêtés par les *coufflées*. Ils sont plus fréquens à Rive de Gié. Ils sont dus à la fermentation qui s'établit au milieu des menus abandonnés dans les travaux, lorsqu'ils sont mélangés de schiste et de pyrite. Il en est peu où l'on ait à craindre le *grisou*.

Arrivé au jour, le charbon de Saint-Etienne est partagé, d'après la grosseur des morceaux, en quatre qualités, *pérat*, *chapelet*, *grèle* et *menu*, qui correspondent assez bien à celles connues à Mons sous les noms de *gros*, *gaillette*, *gailleterie* et *fines*.

Souvent on supprime l'une des qualités intermédiaires; quelquefois même l'on n'en fait que deux, *gros* et *menu greleux*.

Au reste la composition de ces divers produits est variable d'une mine à l'autre.

Les meilleurs charbons à forger donnent beaucoup de menu, les 9/10, les 3/4 ou les 2/3 au moins; tels sont ceux de *Roche-la-Molière*, de la mine de l'*Etang*; le Pérat surtout ne forme qu'une faible part de leur produit, encore se réduit-il considérablement à l'air, et par les transports. D'autres mines, comme le *Treuil*, le *Soleil*, *Firminy*, où le charbon est plus dur, ne produisent en menu que la moitié ou même le tiers du trait. Le gros de Saint-Etienne est généralement moins solide que celui de Mons.

Les débouchés n'ont eu jusqu'à ces derniers temps

qu'une importance médiocre ; en 1812 le produit total des mines de Saint-Etienne n'était encore que de 1,050,000 quintaux métr. ; aujourd'hui l'extraction totale s'élève à 3,000,000 quint. métr. Elle occupe 1400 ouvriers et 175 chevaux dans l'intérieur.

Les mines de Saint-Etienne sont toutes établies sur une petite échelle, et il ne saurait en être autrement, dans un pays où l'exploitation est facile, où elle n'exige qu'une dépense préparatoire modique, et où la propriété souterraine est très-divisée. Il en est très-peu dans lesquelles les frais d'établissement, c'est-à-dire toute mise de fonds autre que le capital de roulement, s'élève au-dessus de 60 à 80,000 fr. Il n'en est pas où l'extraction annuelle dépasse 400,000 quinaux métriques.

Le présent état de choses est certainement peu favorable à un prudent aménagement des précieuses richesses souterraines que recèle le bassin houiller de la Loire. Les intérêts généraux de l'avenir y sont sacrifiés aux intérêts du jour, mal entendus par les concessionnaires. Il paraît cependant de nature à durer long-temps encore. Ce sera seulement lorsque les charbons les plus voisins de la surface auront été extraits ou rendus inabordables, et lorsque les difficultés de l'exploitation se seront accrues, que l'on pourra espérer de voir de l'unité, de l'ensemble, et en même temps un système salutaire de conservation s'introduire dans les mines de Saint-Etienne. Jusque-là, malgré l'écoulement large et facile que paraissent promettre aux charbons de Saint-Etienne les nouvelles lignes de transport qui s'ouvrent entre les mines et les vallées de la Loire et du Rhône, on ne verra point surgir à Saint-Etienne ces grands charbonnages tels que ceux du Nord, comprenant dans un plan régulier d'exploitation un vaste gîte houiller, remarquables par l'étendue de leurs ressources, par la puissance des moyens qu'elles emploieraient, par l'abondance de leurs produits ; et en effet, les frais généraux, ceux d'épuisement, ceux d'entretien des travaux, les seuls à peu près pour lesquels un grand établissement présente de l'avantage, ne forment maintenant qu'une fraction assez faible du prix total d'extraction.

La condition des ouvriers est assez favorable, à Saint-Etienne. On estime qu'un *piqueur* (ouvrier qui abat le charbon à la taille) y gagne 3 f. à 3 f. 50 c. par jour.

L'exploitation est grevée d'une redevance considérable en faveur des propriétaires de la surface. Lorsque le bassin houiller, depuis long-temps exploité, fut partagé en concessions, l'administration dut respecter les droits qu'elle leur trouvait acquis en vertu d'usages locaux. Elle y satisfit, en leur accordant à perpétuité un prélèvement en nature sur le produit brut de la mine (1). Ce mode fut jugé plus supportable pour

(1) Le tableau suivant indique les fractions du produit brut qui doivent être livrées au propriétaire de la surface.

PROFONDEUR DES TRAVAUX.	PUISSANCE DES COUCHES.			
	2 mètres et au-dessus.	2 à 1 mètre.	1 m. à 0 m. 50	au-dessous de 0 m. 50
A ciel ouvert.........	1/4	1/6	1/8	1/16
Par puits jusqu'à 50 m.	1/6	1/9	1/12	1/24
Idem. de 50 à 100 m.	1/8	1/12	1/16	1/32
Idem. de 100 à 150 m.	1/10	1/15	1/20	1/40
Idem. de 150 à 200 m.	1/12	1/18	1/24	1/48
Idem. de 200 à 250 m.	1/15	1/21	1/28	1/56
Idem. de 250 à 300 m.	1/16	1/24	1/32	1/64
au-des. de 300 mèt.	1/20	1/30	1/40	1/80

Pour introduire l'usage de l'exploitation par remblais, on a réduit les redevances d'un tiers en faveur de ceux qui emploieraient cette méthode.

les concessionnaires , que ne l'eût été une somme d'argent une fois payée. Il offre cependant l'inconvénient grave de gréver l'avenir d'une lourde charge.

Le prix d'extraction par *bène* (1), redevance comprise, varie de 30 à 50 cent. , plus ordinairement entre 35 et 40 cent.

Le prix de vente sur la mine est très-variable : à ce sujet nous donnerons les indications suivantes :

Pérat supérieur	1 f. 70 la *bène*.			
Pérat de bonne qualité	1 15 à 1 f. 25.	moyenne	1 f. 20	
Chapelet id.	0 90 à 1	id.	0 95	
Grèle id.	0 60 à 0 80	id.	0 70	
Menu supérieur	0 70			
Menu de bonne qualité	0 40 à 0 50	id.	0 45	

Avec des charbons moins beaux ; les prix sont plus ou moins inférieurs à ceux-là. C'est surtout la valeur du menu qui présente de grandes variations.

Le Pérat, le Chapelet et le Grèle sont principalement consommés sur les lieux pour le chauffage domestique et les fours à réverbère. Le menu est employé à l'entretien des machines à vapeur et à la fabrication du coke pour les hauts fourneaux. Il s'en exporte une grande quantité par la Loire (2). Les der-

---

(1) La *bène* est une mesure pesant environ 100 kil. avec le menu plus ou moins grèleux , et beaucoup plus avec le *gros*.

(2) On envoie en ce moment, par la voie de terre , un peu de *gros* de Saint-Etienne à Lyon et dans la vallée du Rhône. Le chemin de fer de Saint-Etienne à Lyon va ouvrir un important débouché aux exploitations de Saint-Etienne. Grace à cette voie économique, ils se répandront dans les bassins du Rhône et de la Saône en concurrence avec ceux de Rive de Gié ; et en effet, en admettant que les premiers aient à parcourir de plus que les seconds 30 kil. (la distance des deux villes n'est que de 22 kil.), ils supporteront de plus des frais de 29 c. 4/10 par 100 kil. Ce sera

nières expéditions annuelles ont ainsi varié de 700,000 à 1,050,000 quint. mét.

A Paris, la houille de Saint-Etienne ne vient presque qu'à l'état de menu, principalement pour l'usage des forges maréchales. Elle a été d'abord employée exclusivement pour la fabrication du gaz. Aujourd'hui le Flénu lui est préféré pour cet usage.

Il en vient quelques bateaux de *gros* qui sont destinés, soit aux usines à gaz, soit à quelques fours à réverbère, soit aux fondeurs qui ont besoin d'un coke très-pur.

Presque toujours le charbon de Saint-Etienne, lorsqu'il arrive à Paris, est mélangé de schiste, soit qu'il en contienne au départ, soit qu'on l'ait associé pendant le voyage au charbon d'Auvergne, qui est très-mal trié.

Pour l'introduire en quantité notable dans le chauffage domestique, on a essayé, pendant le rigoureux hiver de 1829, d'en fabriquer avec du menu des briquettes, auxquelles on a donné le nom de *tablettes stéphanoises*.

Les briquettes qui se fabriquent ordinairement à Paris sont faites avec des rebuts mêlés de proportions d'argile quelquefois très-fortes, et cependant elles résistent peu au transport. Au feu elles se consument

---

beaucoup moins pour les exploitations du Treuil, de la Côte Thiollière, de Saint-Chamond. Or la différence des frais d'extraction est à peu près de 20 à 30 c. à l'avantage de Saint-Etienne.

Le bassin de Rive de Gié, qui est peu étendu, où il n'y a que deux couches de houille, qui est fouillé depuis une longue suite d'années, et où l'extraction est considérable, (4,000,000 quint. métr. aujourd'hui), serait d'ailleurs hors d'état de fournir pendant longtemps encore à la consommation des pays qu'il alimente actuellement.

sans flamme, sans chaleur vive, et se dissipent en fragmens. Dans les *tablettes stéphanoises* on n'a employé que du menu de Saint-Etienne de bonne qualité ; elles sont très-solides, quoique la proportion d'argile y soit très-faible, de 6 à 8 p. %, parce qu'on s'est servi d'une argile très-divisée et très liante qui fait mastic. C'est celle qui provient du *terrage* dans les raffineries de sucre : au feu elles dégagent d'abord de la flamme, et se convertissent en coke. La houille de Saint-Etienne, éminemment collante, convient mieux que toute autre à cette fabrication.

Les charbons sont conduits aux ports d'Andrezieux et de Saint-Just, où ils sont livrés à la navigation intermittente de la Loire. Ce fleuve n'est navigable que par des crues subites à la suite des grandes pluies ou des orages qui éclatent dans les montagnes de la Haute-Loire et de l'Ardèche. Au-dessus de Roanne, son cours est hérissé de dangers, interrompu par des bancs de sable et des cataractes, bordé souvent de rochers à pic. On ne peut le parcourir que par des hauteurs d'eau moyennes, aussi n'y compte-t-on que 60 jours environ de navigation effective.

Au-dessous de Roanne la navigation est fort incertaine, mais elle cesse d'être aussi périlleuse. A Briare, les charbons entrent dans le canal qui porte ce nom ; de là ils passent dans celui de Loing qui débouche dans la Seine à Moret. Ils suivent ce dernier fleuve jusqu'à Charenton, où ils restent jusqu'à ce que les besoins de la consommation les appellent à Paris ; le voyage dure ainsi 25 jours au moins, et quelquefois 3 à 4 mois.

Les bateaux employés à ces transports ne remontent pas la Loire. Ils sont déchirés en route ou à Paris. Aussi les construit-on le plus légèrement qu'il est pos-

sible, avec les sapins des montagnes au milieu des
quelles court la Loire dans son origine. Leur charge
dépend de la hauteur des eaux ; ils partent par *équippes*
de 8 à 12. A Roanne on transborde la charge de quelques-uns dans les autres. On donne une nouvelle sur-
charge à Briare, une autre à Saint-Mamert.

Communément, au départ d'Andrezieux, chaque
bateau porte 25 tonnes.

à Roanne 36
à Briare 42 (1).
à Saint-Mamert 55

A Paris, un bateau n'est vendu que 110 f. (2). Il
coûtait en 1828 à Andrezieux 300 fr. environ; un peu
auparavant il valait 600 fr.

Le trajet parcouru, d'Andrezieux à Paris, est
de 552 kilomètres, savoir :

de Saint-Etienne à Andrezieux 22 kil.
d'Andrezieux à Roanne 80
de Roanne à Briare 250
Canaux de Briare et de Loing 108
Seine 92
_____
552 kil.

D'importantes améliorations vont être apportées à
cette ligne de transport. Un chemin de fer est achevé
entre Saint-Etienne et Andrezieux. Un autre est en
construction entre Andrezieux et Roanne. Un canal
latéral à la Loire est commencé entre Digoin et Briare.
Cependant l'exécution entière de tous ces ouvrages ne

(1) La charge pourrait être beaucoup plus forte sur les canaux
de Briare et de Loing ; on pourrait y avoir un tirant d'eau de 0m, 86,
mais les dispositions vicieuses du tarif obligent les bateliers à ne
pas dépasser 0m, 65.

(2) L'acheteur du charbon ne paie le bateau que 60 fr., et le re-
vend 110.

paraît pas devoir amener une baisse notable dans le prix du fret d'Andrezieux à Paris. Il est probable que leur effet se bornera, en ce qui concerne les charbons, à assurer la régularité des transports, et à mettre fin à ces variations subites, qui sont si fréquentes dans leur cours commercial. Il s'en faut, au reste, que ces divers travaux touchent à leur terme. Rien n'a encore été commencé ni même décidé pour les 55 kil. compris entre Roanne et Digoin, et les versemens imposés à la compagnie soumissionnaire du canal latéral de Digoin à Roanne, sont bien loin d'être suffisans.

A la fin de 1829, le prix du transport de Saint-Etienne à Paris coûtait, par hectol. comble de 12 à la voie de Paris,

De Saint-Etienne à Andrezieux par le chemin de fer	0. fr.	380 c.
Faux frais à Andrezieux, déchet	0.	180
D'Andrezieux à Charenton, à raison de 6 l. 50 la voie d'Andrezieux (1)	2.	720
De Charenton au port Saint-Paul	0.	060
Entrée à Paris, et droit de mesurage	0.	662
Débarquement et mesurage	0.	083
	4.	085
A déduire pour bénéfice sur le bateau	0.	09
	3.	995
Ou par voie	47.	94

On espère que le prix de transport d'Andrezieux à Roanne se réduira de   0. fr. 27 cent.

---

(1) A Andrezieux, le charbon se vend à la voie de 20 bènes : la bène d'Andrezieux est 1/5 en sus de celle de Saint-Etienne. On estime que 106 voies d'Andrezieux en font 200 de Paris.

Savoir : Par la suppression des droits
de navigation sur la Loire   0.   21
Par une meilleure disposition du tarif
des canaux de Briare et de Loing   0.   06

0.   27

Le prix du transport par hectol.
comble se réduirait à   3.   725
Ou par voie à   44.   70

Ce qui porterait la voie, rendue chez le consommateur, aux prix suivans, sauf les frais généraux et
le bénéfice du marchand,

	En 1829.		Après la réduction.	
Prix d'achat sur la mine	6 f.	»	6 f.	»
Transport	47	94	44	70
Transport dans Paris	2	50	2	50
	56	44	53	20

Avec des menus supé-
rieurs, ce serait en sus
2 f. 60 environ, ou   59   04   55   80
Avec du gros qui arrive-
rait à Paris à un état
peu différent du mé-
lange de Mons, ce serait
en sus 8 f. environ, ou   67   04   63   80

A la fin de 1829 la fine forge de Saint-Etienne se
vendait, en bonne qualité, à raison de 55 à 57 f. la voie.

Mines d'Auvergne.

Les charbons, dits d'Auvergne, proviennent des
environs de Brassac, petite ville voisine de l'Allier.
Le terrain houiller occupe une grande surface entre
l'Allier et l'Alagnon. Il n'est recouvert par aucune
autre formation.

L'exploitation des mines d'Auvergne date d'une longue suite d'années. La mine du Gros-Menil, en particulier, est ouverte depuis plusieurs siècles. Depuis long-temps l'extraction y est assez considérable (1).

Ce bassin houiller est riche. Il est partagé en plusieurs concessions, parmi lesquelles figure au premier rang celle du Gros-Menil, qui a une étendue superficielle de 12 kilom. carrés, et où l'on exploite une couche, ou plutôt une masse très-inégale dont la puissance varie ordinairement de 12 à 20 mèt. et atteint quelquefois 40 mètr.

Les autres concessions sont beaucoup moins considérables ; celle de Fondary , qui est aujourd'hui la plus importante après celle du Gros-Menil par l'abondance et la qualité de ses produits , n'a que 1 kilom. carré 18 hectares. On y exploite une couche de 2 mètres 30.

Celle de la Taupe, qui a fourni pendant long-temps des produits estimés, est, dit-on, presque épuisée aujourd'hui. On y exploite une masse analogue à celle du Gros-Menil. Elle occupe 3 kilom. carrés 4 hectares.

La stratification générale des couches est verticale, ou très-inclinée. La couche exploitée à Fondary est, de toutes, celle dont l'inclinaison est la plus faible, de 45° environ.

D'après des expériences rapportées dans le *Journal des Mines*, tome XI, la pesanteur spécifique de la houille d'Auvergne est :

Pour le charbon de la Taupe	1.351
des Barthes	1.453
de la Combelle	1.364

(1) En 1802 elles fournissaient 250,000 quint. métr.
En 1812 270,000
En 1826 370,060

Le charbon du Gros-Menil, de Fondary et de la Taupe, est très-fragile, collant, susceptible de donner un coke solide, bien aggluliné, argentin. D'après M. Fournet (*Annales d'Auvergne*, 1829), un échantillon pur, provenant de la concession de Fondary, a fourni, à l'essai, les résultats suivans :

Carbone	71. 46
Cendres	7. 24
Produits volatils	21. 30
	100.000

Cette houille brûle avec une flamme vive, claire, et une chaleur soutenue. Elle est un peu difficile à allumer et convient aux grands foyers qui exigent une haute température. A Paris elle alimente, soit les verreries, soit les fortes machines. En ce moment le service de la pompe à feu de Chaillot est fait avec des charbons de Fondary. Les marchands en débitent encore en la mêlant avec celle de Saint-Etienne, dont le prix est plus cher et la qualité supérieure.

Ce charbon est très-souvent fort impur. Par suite d'un mode vicieux d'abattage, et faute d'un triage exact, il s'y trouve beaucoup de pierres ou de schiste divisé.

La concession de la Combelle fournit un charbon différent du précédent, qui ne colle pas, qui est facile à embraser, flambant, moins fragile, et qui résiste moins au feu. Il n'en arrive pas à Paris; il est consommé sur les lieux pour le chauffage domestique, dans les fabriques de Thiers, etc.

Les mines d'Auvergne fournissent une troisième qualité de charbon; c'est une houille sèche, dite *Chaussine*, propre à la cuisson de la chaux, terreuse, mêlée de schiste, prenant l'eau comme de l'argile. Il en vient une petite quantité à Paris, à l'usage des chaufourniers. Tels sont les charbons de Mégécoste et Saint-Blaise.

L'exploitation de ces mines est variable suivant l'épaisseur des couches. Dans tous les cas elle se fait en remontant. Au Gros Menil, où l'on exploite une masse considérable, chaque étage se compose d'une série de galeries perpendiculaires à la direction de la couche, menées à partir d'une galerie d'allongement. C'est une sorte d'*ouvrage en travers*. A Fondary, où l'on opère sur une couche de 2 mètr. 30, un étage de travaux se compose de deux galeries dans la houille, à 6 mètres de distance l'une de l'autre, dites galeries d'*écourtaison*. On enlève, autant que possible, le massif laissé entre deux.

Le mode d'abattage est complètement vicieux. Les piqueurs renversent le charbon en frappant dans la masse à tour de bras, sans faire préalablement d'entaille, soit en dessous, soit sur les côtés, sans séparer d'abord les petits bancs de schiste qui suivent la couche; ils ne font que du menu: et quoique le charbon soit très-tendre, ils n'en abattent par jour que 20 à 25 hectol. combles (1).

Les transports intérieurs ont lieu à dos d'homme. Au Gros-Menil il y a aujourd'hui un chemin de fer.

Les puits d'extraction ont dans œuvre 1 m. 25 sur 2 m. 50. Leur profondeur est de 200 m. à la Combelle, c'est encore davantage au Gros-Ménil. Celui de Fondary n'a que 80 m. environ. A la Combelle et au Gros-Ménil, ils sont munis d'une machine à vapeur; partout ailleurs il n'y a que des manèges.

Il y a des exemples fréquens d'incendie dans ces

---

(1) Les piqueurs de Rive-de-Gié, beaucoup plus habiles, en fournissent 45 par jour dans un charbon plus dur.

mines. Ils sont provenus le plus souvent de ce qu'on y avait abandonné des menus pyriteux et mêlés de schiste.

L'épuisement est très-peu dispendieux , il a lieu ordinairement par la tonne.

Le prix d'extraction s'élève , pour la plupart des mines , à 75 cent. par 100 kil. (60 c. par hect. ras de 80 kil.) Au moyen de chemins intérieurs, d'un abattage moins barbare, il pourrait être réduit de 10 à 15 cent. , l'exploitation restant comme elle est aujourd'hui sur une petite échelle (1).

Les mines sont toutes situées à quelques kil. de l'Allier. Les frais de transport varient , suivant les distances , entre 12 et 20 c. par 100 kil. C'est un article susceptible de réduction.

La vente en gros sur les bords de l'Allier se faisait en mai 1829 , à raison de 15 fr. la voie de 20 hectol. ras, pesant 1600 quint. C'est, par 100 kil.   0 fr. 938

Ce prix , comme on voit , était bien peu favorable aux exploitans , car le prix coûtant, au port, est de 0, fr. 87 à 95 kil. pour les établissemens qui n'ont ni chemin de fer ni machine à vapeur.

La navigation de l'Allier offre les mêmes incerti-

---

(1) Il est probable qu'il y aurait lieu à donner une grande activité aux mines d'Auvergne; la consommation locale pourrait recevoir un grand développement de l'établissement d'usines à fer. Il existe aux environs d'Issoire, dans un grès très-argileux appartenant géologiquement à la formation d'argile plastique , des amas stratiformes , reconnus sur plusieurs points , de fer hydraté concrétionné, fort riche. Ce gisement est le même que celui des excellentes mines que l'on fond aujourd'hui dans les usines de Charleroi. Cette uniformité d'âge n'est pas le seul rapprochement qu'on puisse établir entre les minerais de Charleroi et d'Issoire. Les uns et les autres offrent, dans leur structure et dans leur aspect, des caractères particuliers qui leur sont communs. Il existe aussi à Brassac des indices de minerai de fer des houillères; ceux que l'on voit dans la concession des Armois mériteraient d'être remarqués.

tudes et les mêmes difficultés que celle de la Loire. De Brassac à Pont-du-Château surtout, elle est dangereuse. Elle se fait de la même manière, par *équippes* sur des bateaux construits en sapin, destinés à être déchirés en route ou à Paris. Le prix des bateaux était très-bas en mai 1829. Ils se vendaient 300 fr. à 320 fr.

Leur charge varie, au départ, de 20 à 30 tonnes, suivant la hauteur des eaux. Le plus souvent elle est de 25 tonnes au moins.

De l'Allier, les bateaux passent dans la Loire à Bec d'Allier ; de là ils suivent la même route que ceux qui apportent à Paris les charbons de Saint-Étienne.

Le trajet parcouru est, savoir :

De Brassac au Bec d'Allier	220 kilom.
De Bec d'Allier à Briare	188
De Briare à Paris	200
Total.	608

Le pris du fret jusqu'à Charenton était, droits compris, de 35 fr. la voie de 1600 kil.,

soit par 100 kil.	2. f.	190
Plus, descente de Charenton	0.	060
Droits d'entrée et de mesurage	0.	662
Débarquement et mesurage	0.	083
	2.	995
D'où il faut déduire, pour bénéfice sur la vente du bateau	0.	09
	2.	905
C'est par voie	34.	86
Plus, prix d'achat de la voie sur le rivage	11.	35
Transport dans Paris	2.	50
Prix de la voie chez le consommateur	48.	61

Dans cette somme ne sont pas compris les frais généraux et le bénéfice du marchand.

La fourniture de la pompe à feu de Chaillot a lieu dans ce moment à raison de 48 f. 90 c. la voie. Il n'est pas probable qu'à ce prix le fournisseur fasse quelque bénéfice, malgré le boni du mesurage.

Par la suppression des droits de navigation sur la Loire, et par une autre disposition des tarifs des canaux de Briare et de Loing, il y aurait sur le transport une réduction d'environ 21 cent. par hect. comble; ou 2 f. 50 cent. par voie; ce qui mettrait la voie à 46 fr. 21 cent.

Mines de Blanzy et du Creuzot.

Sur le bord du canal du Centre il existe une vaste étendue de terrain houiller, qui n'a été jusqu'ici exploitée que par les Compagnies qui se sont succédé au Creuzot. Une superficie, non encore délimitée, dont l'étendue a été fixée à 120 kil. carrés, a été concédée aux ayant-droits de la dernière Société. Le reste est en ce moment l'objet d'un grand nombre de demandes en concessions. Ce bassin sera donc dans quelques années l'objet de plusieurs exploitations distinctes et rivales.

En ce moment il n'existe que deux centres puissans d'extraction, l'un au Creuzot, l'autre à Blanzy.

L'exploitation du Creuzot est principalement dirigée aujourd'hui sur une couche verticale ou très-inclinée, d'épaisseur inégale, ayant moyennement de 15 à 20 mèt., formée d'un charbon brillant, peu schisteux, et cependant très-fragile, convenable à la forgerie et à la fabrication du coke, et dont la pesanteur spécifique est évaluée à 1. 178. (*Journal des Mines,* tom. XI.)

Un essai fait sur un échantillon choisi, provenant du puits des Nouillots, a donné :

Coke 68. 80 p. %
Carbone	65. 40
Cendres rouges	3. 40
Produits volatils	31. 20
	100. 00

Un mélange de morceaux de coke a donné 12 p. 0/0 de cendres rouges.

L'exploitation de la mine a jusqu'à présent été très-barbare. Elle s'opérait par étages en descendant ; la quantité de houille sacrifiée s'élevait à près des 3/4 de la masse totale, et cependant la dépense en bois était énorme. De nouveaux ateliers mieux disposés, sont ouverts aujourd'hui.

Les travaux n'ont jamais dépassé la profondeur de 250 mètres.

Les produits des mines du Creuzot sont à peu près exclusivement consommés par les grandes usines dont elles ne sont qu'une dépendance, et dans lesquelles la fabrication est depuis quelques années devenue très-active.

Les frais d'extraction seront toujours assez élevés au Creuzot, à moins que la houille cesse d'être aussi tendre, parce qu'elle exige une énorme quantité d'étais, et que le bois est devenu cher dans le pays.

Les houilles du Creuzot sont venues à Paris, et il est probable que la Compagnie actuelle s'efforcera de relever ce commerce. Dans ce cas elle rechercherait sans doute le prolongement du gîte du Creuzot dans le voisinage du canal. Elle pourrait aussi embarquer du charbon provenant de l'exploitation actuelle, à Torcy, surtout au moyen d'un chemin de fer de 4500 mètres, qui aboutirait à ce dernier point.

Il se trouve encore au Creuzot des gisemens puissans de charbons maigres flambans, très-*légers*, dont la consommation est extrêmement bornée ; tels sont ceux des Allouettes, de Mont-Cenis. Il est probable qu'ils ne trouveraient aucun débouché à Paris.

Du Creuzot à Paris, au moyen du chemin de fer de Torcy, les frais de transport seront à peu près les mêmes que de Blanzy à Paris.

Les charbons du Creuzot tels qu'ils sont aujourd'hui, ne pourraient susciter de concurrence qu'à ceux de Saint-Etienne, dont la qualité est supérieure, ou à ceux d'Auvergne qui, moins purs à la vérité, tiennent cependant plus long-temps le feu.

Les charbons de Blanzy proviennent, soit de l'exploitation sise à Blanzy, soit de celle plus considérable qui est établie à une demi-lieue de là, à Monceau ; l'une et l'autre à 1500 mèt. environ du canal du Centre. Dans cette dernière localité l'extraction annuelle s'élève à 500,000 hect. ras, pesant l'un 80 kil. soit 400,000 quintaux mét. La mine de Blanzy, proprement dite, ne fournit que 50,000 à 60,000 hect.

A Monceau l'on n'exploite qu'une couche ou masse, verticale près du jour, et très-peu inclinée ensuite, dont l'épaisseur va jusqu'à 20 mèt. dans la profondeur. Elle est divisée en trois bancs par deux nerfs de schiste de 1 mètr. à 1 mètr. 20 c. de puissance. L'extraction s'opère par des puits, munis de machines à vapeur, dont la profondeur ne dépasse pas 110 mèt. Il y a à Blanzy un puits d'épuisement qui a 50 m. de plus.

Les transports intérieurs se font sur des chemins de

fer, et avec des chevaux. La houille s'abat en *gros*, elle se vend *tout venant*, aux grands acheteurs, et aux principaux consommateurs, à raison de 90 c. l'hect. ras, (1 fr. 12 c. 1/2 l'hect. combl.) sur le bord du canal. Là elle revient à 60, 62 c. l'hect. ras (75 à 78 c. l'hect. comble.)

Ce prix coûtant me semble susceptible de réduction.

Le charbon de Blanzy, tel qu'il arrive maintenant à Paris, est solide, non tachant, très-gailleteux, peu pierreux, mais pyriteux. Il est composé de lits alternatifs de pureté et d'éclat très-différens : sa cassure en petit est conchoïde et unie. Dans un creuset recouvert, il s'agglutine sans se boursoufler, mais il ne colle pas assez pour qu'en grand on ait pu parvenir à le convertir en coke ; il y a eu à ce sujet beaucoup de tentatives qui toujours ont été vaines. Sur les grilles, il ne se soude pas notablement. Récemment extrait, il est ordinairement de belle apparence, brûle avec une flamme vive mais de peu de durée : on ne saurait l'employer aux usages qui exigent une forte chaleur. C'est un charbon *léger*, plus *léger* que le Flénu, et surtout que le Flénu d'Hornu et Wasmes, ou du nord du bois de Boussu : aussi dans les usines où l'on s'en sert pour l'affinage du fer à l'anglaise, on le mêle avec la houille de Rive de Gié ou de Saint-Etienne (1).

Celui qui arrive actuellement est plus pur, plus gailleteux que celui qui venait il y a deux ou trois ans.

Après quelque temps d'exposition à l'air, cette houille s'échauffe, s'effleurit, et perd une grande partie

____

(1) Aux forges de Sainte-Colombe, près Châtillon-sur-Seine, où l'hect. ras de houille de Saint-Etienne revient à 4 fr. 50, et celui de Monceau à 3 fr. 50, on ne peut employer ce dernier que dans la proportion de 1/3.

de sa puissance calorifique. Cet effet est surtout-mar-
qué lorsqu'elle est menue et mêlée de schiste pyriteux.
Elle est même sujette alors à s'embraser spontanément.

Un échantillon choisi à dessein, très-pur, a donné:

Coke imparfait { Carbone 59 50 / Cendres 0 50 } 60. »
Produits volatils   40. »
           100. »

Un mélange de quelques fragmens pris au hasard,
a donné :

Coke imparfait { Carbone 54 32 / Cendres 6 08 } 60. 40
Produits volatils   39. 60
           100. 00

Sa pesanteur spécifique est,

     Avec un échantillon très-pur   1. 219
     Avec un échantillon ordinaire 1. 287

Les charbons de Blanzy se répandent, au moyen du
canal du Centre, soit dans la vallée de la Loire, dans
les usines d'Imphy, de Fourchambault, et jusqu'à
Paris, soit dans la vallée de la Saône, d'où ils s'écou-
lent, par le canal de Monsieur, en Franche-Comté,
et jusqu'à Mulhausen.

Le trajet de Blanzy à Paris est de 437 kilomètres,
savoir :

De Blanzy à Digoin sur le canal du Centre,   47 kil.
De Digoin à Briare par la Loire   190
De Briare à Paris   200

         Total   437

En 1829, le transport coûtait par hectolitre comble
jusqu'à Charenton, déduction faite du boni provenant
de la vente du bateau   2 fr. 20

Report.   2.   20

Plus, descente de Charenton,
droits d'entrée et de mesurage,
débarquement et mesurage   0.   745

         2.   945

Ce serait par voie de 12 hect.
combl.   35   34

Plus, prix d'achat à 90 c. l'hect. ras.   10   80

Transport dans Paris   2   50

Total par voie   48   64

Par la suppression des droits de navigation perçus
sur la Loire, et par une meilleure disposition du tarif
des canaux de Briare et de Loing, ce prix pourrait
être réduit à 46 f.

En 1829, la voie rendue chez le consommateur se
vendait 48 à 49 fr. A ce prix le charbon de Blanzy ne
pouvait soutenir la concurrence des houilles de Mons.

Mines de Decize.

Les mines de Decize, qui ne fournissent aujourd'hui
à Paris que très-peu de charbon, sont situées à 6 kil.
de la Loire sur la rive droite.

Il y existe plusieurs couches parmi lesquelles 2 seulement sont exploitées. Leur puissance est ordinairement de 1 mètr. 20 à 1 mètr. 50; leur inclinaison est
de 20 à 30°. Le gîte est assez souvent traversé par des
failles et des dérangemens; le toit y est souvent mauvais. La qualité du charbon de Decize est aujourd'hui
devenue très-médiocre. Il est flambant et sulfureux
comme celui de Blanzy, mais plus collant, plus durable
au feu; depuis quelque temps celui qu'on livre au
commerce est impur, peu gailleteux, mêlé de terres
pyriteuses; il s'effleurit, et même prend feu souvent.

C'est actuellement l'un des charbons les moins estimés de ceux qui viennent à Paris.

Sa pesanteur spécifique est (*Annales des Mines*, tom. XI), 1. 255.

Un échantillon que j'ai essayé, a fourni les résultats suivans :

Carbone	61. 08
Produits volatils	30. »
Cendres d'un brun fauve	8. 92
	100. »

Les prix de vente au rivage de la Loire est de 1 f. 50 par hect. ras, et 1 f. 25 à quelques acheteurs privilégiés. Quoique les frais de transport de la mine au rivage ne s'élèvent qu'à 23 cent. par hect., la Compagnie ne fait encore à ce prix que de très-médiocres bénéfices. Un tel résultat doit être imputé à tort moins aux choses qu'aux hommes.

Le trajet de Decize à Paris est de	325 kilom.
Savoir : de Decize à Briare	125
De Briare à Paris	200
	325

Dans des circonstances favorables , le prix du fret de Decize à Paris est, par hectol.

comble, d'environ	1 fr.	90
Plus , descente de Charenton , droits, etc.	0	745
	2	645
Ce serait , par voie ,	31 fr.	74
Plus , prix d'achat au rivage à raison de 1. 25 l'hect. ras	18	75
Transport dans Paris	2	50
	52	99

Par les dispositions déjà énoncées au sujet des tarifs de la Loire , et des canaux de Briare et de Loing , ce chiffre pourrait tomber à 50 fr. 50 c.

En 1829 , le prix de la voie était de 52 à 53 fr.

La construction du canal latéral à la Loire exercera une influence salutaire sur les mines de Blanzy , et surtout sur celles de Decize , d'abord à cause de la réduction du prix du fret , réduction qui sera plus sensible que pour des mines éloignées telles que celles de Saint-Etienne ; en second lieu , parce que la facilité des transports atténuera l'inconvénient que présentent leurs charbons de produire peu d'effet lorsqu'on les brûle après quelque temps d'exposition à l'air ; et en effet , l'on pourra les avoir ainsi à Paris toujours frais , en les conduisant au fur et à mesure de la consommation.

Mines de Fins.

En 1829, le département de l'Allier envoyait à Paris la houille de Fins : cette mine est située à 20 kilomèt. environ S. O. de Moulins. Le gîte houiller y est extrêmement irrégulier , et par suite l'exploitation y est sujette à beaucoup de frais généraux et d'accidens.

Le charbon de Fins est d'excellente qualité. Il arrive à Paris en petits fragmens , mais non en menu pulvérulent. Par l'ensemble de ses propriétés il se rapproche de celui de Saint-Etienne ; aussi s'en est-on servi avec succès pour la forgerie. A la distillation en grand , il a rendu une proportion considérable d'un gaz très-éclairant , et un peu moins sulfuré que celui de Saint-Etienne ; mais le coke s'est toujours trouvé mêlé de pierres et de schistes , quoiqu'au dire du directeur de la mine , on eût apporté un grand soin au triage.

Un essai, fait au laboratoire de l'Ecole des Mines, a fourni les résultats suivans :

Coke 70 p. %	Carbone	64. 60
	Cendres	5. 40
Bitume et eau		19. 40
Gaz		10. 60
		100. 00

Malheureusement les dépenses considérables de l'exploitation, jointes aux frais de transport jusqu'à Moulins, ne permettent pas aux mines de Fins de soutenir à Paris la concurrence de Saint-Etienne. Aussi paraît-il que, faute de débouchés, soit locaux, soit éloignés, leur exploitation va être encore une fois abandonnée.

Le prix de vente sur le bord de l'Allier était, par hectol. comble, 1. fr. 85.

La distance des mines à Paris est : de la mine à Moulins, 20 kilom.

De Moulins à Bec-d'Allier,	70
De Bec-d'Allier à Briare,	87
De Briare à Paris,	200
	377

Le transport de Moulins à Charenton coûtait, par hectolitre comble, en 1829, · 1 fr. 90

Plus, descente de Charenton, mesurage, droits d'entrée, etc. 0 745

	2	645
Ce serait par voie	31	74
Achat sur les bords de l'Allier	22	20
Transport dans Paris	2	50
Total chez le consommateur	56	44

Le prix de la voie était, en 1829, de 55 à 56 fr.

Les mines de Noyant , voisines de Fins , sont abandonnées depuis quelques années.

Dans le même département se trouvent les mines de Comentry , qui fournissent un charbon de bonne qualité, très-propre à la fabrication du coke, un peu léger à la forge, un peu pyriteux.

Il a donné à l'essai , les résultats suivans :

Coke 66 p. %	Carbone	60
	Cendres	06
Produits volatils		34
		100

Ce gisement a été peu exploité faute de débouchés , et peu reconnu. Il est vraisemblable que l'ouverture du canal du duc de Berry, en lui ouvrant une communication facile avec les vallées de la Loire et du Cher, lui donnera une grande importance. Les houilles de Comentry pourront alors arriver à Paris , si toutefois une ligne de transport plus économique qu'une route ordinaire , telle qu'un chemin de fer, est ouverte de la mine à Montluçon.

Dans ce cas, le trajet serait de	419 kilom.
Savoir :	
De Comentry à Montluçon	15 kil.
De Montluçon à Bec-d'Allier	117
De Bec-d'Allier à Briare	87
De Briare à Paris	200
	419

Les frais de transport jusqu'à Charenton peuvent être évalués approximativement pour l'avenir à 2 fr. l'hectolitre comble pesant environ 100 k.

Mines d'Epinac.

Il existe dans le département de Saône et Loire une vaste étendue de terrain houiller disséminé par grandes masses dans un rayon de près de 2 myr. autour d'Autun. Ce pays a été fouillé en un grand nombre de points, mais presque partout les recherches ont été infructueuses ; on n'a rencontré que des couches minces, mêlées de schistes et inexploitables. Il n'y a eu de découvertes importantes que dans un lambeau de 15 à 20 kil. carrés, compris tout entier dans la concession d'Epinac.

Cette concession forme un bassin encaissé de toute part dans le terrain ancien, excepté au sud-ouest où il paraît se rattacher à l'ensemble de la formation houillère. Elle est aujourd'hui la propriété d'une compagnie puissante qui s'occupe avec activité de l'établissement d'un chemin de fer de 28,000 mèt. de long, destiné à lier le gîte houiller au canal de Bourgogne.

L'exploitation de la houille est ancienne à Epinac ; jusqu'à présent elle avait eu lieu principalement à Ressille, dans un petit vallon latéral au bassin central, sur deux couches de houille médiocre, très-pyriteuse, sujette à s'embraser spontanément, que cependant l'on a employée avec avantage à l'usine de Précy près Semur, pour l'affinage de la fonte.

Aujourd'hui les travaux ont été transportés dans le bassin principal. A part quelques recherches établies çà et là sur quelques affleuremens, ils sont tous réunis près du domaine du *Curier*. Ils se composent principalement de deux puits d'extraction, profonds, l'un de 83 mèt., l'autre de 150 mèt., munis chacun d'une machine à vapeur de 25 chevaux.

On a, sur ce point, reconnu trois couches plongeant avec une inclinaison de 30 à 40°, d'une allure très-régulière, et puissantes, l'une, dite de *Fontaine-Bonnard*, de 11 mèt., les deux autres, dites couches *inférieure* et *supérieure du Curier*, de 2 mèt. 30 chacune.

Les couches de houille d'Epinac se composent par lits minces alternatifs, de 2 à 3 centimètres au plus, de deux charbons très-différens; l'un très-brillant, homogène, peu pyriteux, dur, ne tachant pas les doigts, se brisant en petits grains anguleux, et ne tombant pas en poussière; par son éclat gras, par sa cassure conchoïde, il a de la ressemblance avec quelques houilles sèches, telles que celle de Fresnes, par exemple. Au feu il se boursoufle, colle très-bien, brûle avec une grande vivacité; il ne contient que 2 à 2 1/2 p. 100 de cendres.

Le charbon associé au précédent est plus terne, plus tachant, peu homogène, très-veiné, beaucoup plus terreux, et plus pyriteux. Au feu il se boursoufle, et colle aussi, mais il est moins chaud que le charbon brillant.

Cette composition par lits très-minces de charbons d'éclat différent, n'est point particulière aux mines d'Epinac. Ce qu'elles offrent de particulier c'est que l'inégalité d'éclat entraîne une grande différence de pureté (1).

Dans la couche inférieure du Curier, le charbon brillant domine. C'est de toutes celles d'Epinac, celle qui l'emporte en qualité. Elle s'emploie à la forge; carbonisée en grand, à l'air libre, elle fournit 48 à 50 p. % d'un coke de la plus belle apparence.

______

(1) Les houilles de Blanzy sont dans le même cas : à Saint-Etienne et surtout à Mons, les parties brillantes, dans les charbons veinés, ne sont pas terreuses à un degré moindre que les parties plus ternes.

Voici le résultat de quelques essais auxquels j'ai soumis divers échantillons pris en divers points de la couche.

| N° des essais. | PARTIES | CENDRES | COULEUR | OBSERVATIONS. |
	volatiles en centièmes.	en centièmes.	des cendres.	
1	35.40	2.66	rouge.	charb. brillant.
2	32.»	2.84	blanc.	charbon terne.
3	34.80	2.40	rouge.	
4	30.10	3.20	gris.	
5	36.10	5.90	rose clair.	
6	32.50	10 30	*idem.*	
7	38.20	4.40	rougeâtre.	
8	34.40	2.76	rouge.	
9	37.»	6.60	fauve.	
10	33.»	4.34	fauve.	
11	36.20	4.90	blanc.	
12	33.30	5.10	rose clair.	
13	33.50	4.»	rougeâtre.	
Moyenne	34.35	5.338		

La pesanteur spécifique, prise sur échantillon ordinaire, s'est trouvée de   1. 242
Un autre essai a donné   1. 311

La cendre de cette couche est fusible, et produit
du mâchefer très-adhérent.

Le charbon de la couche supérieure du Curier est
bitumineux, collant, très-chaud, comme celui de la
précédente, mais un peu plus terreux. La proportion
moyenne des cendres, déduite de plusieurs essais, y
est de 8, 50 p. 0/0 ; on l'a essayé en grand comparati-
vement avec celui de Rive-de-Gié dans les fours
à pudler de l'usine de Sainte-Colombe, près Châtillon-
sur-Seine. Il a brûlé avec une chaleur plus vive mais
de moindre durée ; il est résulté de ces expériences
que 8 parties de cette houille équivalaient à 7 de celle
de Rive-de-Gié ; mais comme les essais ont été faits
sous l'empire de diverses circonstances défavorables

au charbon d'Epinac ; comme, par exemple, les chauffeurs, habitués au charbon de Rive-de-Gié qui encrasse
très-peu les grilles, n'ont pas su conduire le feu avec
le charbon d'Epinac qui donne beaucoup de scories,
il est permis d'en conclure qu'il n'y aurait qu'une
faible différence dans un fourneau à réverbère entre
les pouvoirs calorifiques respectifs de l'un et de l'autre.

La couche de Fontaine-Bonnard, qui renferme moins
de charbon brillant que celles du Curier, est aussi plus
terreuse. La proportion moyenne de cendres s'y élève à
12 p. 0/0. C'est du reste un charbon collant, assez
chaud pour être employé dans les fours à pudler ; il
alimente en ce moment ceux de Précy. Il serait très-
convenable au chauffage domestique, et tient très-long-
temps le feu ; abandonné à lui-même dans un foyer, il
s'y consume entièrement, sans s'éteindre lorsqu'il est
converti en coke. C'est encore lui que l'on consomme
à la verrerie d'Epinac.

Les charbons d'Epinac sont en général solides, très-
durs ; ils s'abattent en *gros*. Il s'y trouve quelquefois,
et surtout dans la couche supérieure du Curier ou plus
encore dans celle de Fontaine-Bonnard, des filets schisteux ou de petits bancs terreux qui exigeraient un
triage très-soigné, et que jusqu'ici on a trop négligé
de séparer du *trait*, ce qui excite chez quelques esprits des préventions défavorables à ces mines.

Indépendamment de la consommation locale qui
pourra devenir très-considérable, de vastes débouchés
sont ouverts aux mines d'Epinac. Par le canal de Bourgogne, la Saône et le canal Monsieur, elles seront à
portée des nombreuses usines métallurgiques de la Côte-
d'Or, de la Haute-Saône, de la Haute-Marne, du Doubs.
Par l'Yonne et la Seine leurs produits arriveront jus-

qu'à Paris, où ils pourront surtout être mêlés avec beaucoup d'avantage aux autres charbons de grille.

A 9 kilom. d'Epinac, au grand Moloy, des recherches récemment entreprises par la compagnie Maître Humbert, Louis Basile, etc., de Châtillon-sur-Seine, ont conduit à une couche réglée de 2 mèt. de puissance composée, comme celles d'Epinac, de deux variétés de charbon, l'une brillante, l'autre assez terne. J'ai visité ces travaux en novembre 1829 : sur un développement de galerie de 30 mèt., la houille était disposée en lits de $0^m,08$ à $0^m,20$ au plus, séparés par des lits de schiste de $0^m,03$ à $0^m,05$, qu'il était impossible d'en isoler. On assure que depuis lors on est arrivé à une épaisseur massive de 1 mèt. de charbon. La houille du grand Moloy est très-pure, parce que la variété brillante y domine; elle est collante, peu pyriteuse, très-bitumineuse, et brûle avec une extrême vivacité. Des essais faits par M. Coste, ingénieur des mines, sur des échantillons, il est vrai, choisis, ont fourni les résultats suivans :

N° des essais.	PERTE au feu en centièmes.	PROPORTION des cendres en centièmes.	COULEUR des cendres.
1	47.60	4.»	rouge.
2	52.60	3.30	id.
3	49.»	1.60	id.
4	47.20	1.20	id.
Moyenne.	49.10	2.52	

Si la couche actuellement en reconnaissance au grand Moloy ou quelques autres qui affleurent près de là, sont exploitables, ce qui était douteux à la fin de 1829, et qu'elles fournissent un pareil charbon, il est probable qu'elles seules auront la fourniture des usines à gaz.

D'Epinac à Paris le trajet est de 387 kilomètres,

Savoir :

D'Epinac à Pont-d'Ouche sur le canal
de Bourgogne, par le chemin de fer,   28 kil.

De Pont-d'Ouche à la Roche par le
canal,   169   50

De la Roche à Paris par l'Yonne et la
Seine,   190

————————————————

387 kil. 50

Cette ligne de transport sera bientôt complète, car
le canal de Bourgogne, déjà navigable de Pont-
d'Ouche à Saint-Jean-de-Losne sur le versant de la
Saône, et de Montbar à la Roche sur le versant de
l'Yonne, sera livré à la navigation sur tout son développement en 1833 (1). Le chemin de fer d'Epinac à
Pont-d'Ouche sera achevé bien avant ce terme.

Le prix du fret d'Epinac à Paris ne peut aujourd'hui
s'évaluer que très-hypothétiquement. On peut prévoir
cependant qu'il sera peu élevé, car l'Yonne et la Seine
sont d'une navigation commode ; l'Yonne manque
quelquefois d'eau pendant l'été, mais on y remédie
temporairement par des éclusées qu'on lâche au-dessus
d'Auxerre. Le canal de Bourgogne, où l'on a eu à ra-
cheter sur le versant de l'Yonne 311^m de pente et sur
le versant de la Saône 309^m, est coupé par un grand
nombre de sas éclusés; mais cet inconvénient est
compensé par la modicité des droits de navigation
qu'y supportera la houille. Par ordonnance du roi du
5 avril 1829 ces droits ont été réduits à 4 c. 1/2 par

————————————————

(1) Aux termes de l'adjudication il devrait l'être le 1er janvier 1833.

mètre cube et par distance de 5 kil. ; sur la plupart des autres canaux c'est au moins le double.

Il me paraît possible que d'Epinac à Paris le coût du transport tombe à   1 fr. 70 c. par 100 kil.

Ce serait par voie   20 fr. 40 c.

Le prix d'achat sur la mine ou à Pont-d'Ouche dépendra nécessairement des frais d'extraction. Tout porte à croire que ces frais seront peu considérables, si toutefois la compagnie propriétaire adopte un système de travaux vastes et bien coordonnés, en rapport avec l'importance commerciale de ses mines.

Telles sont les diverses mines de houille dont les produits sont vendus à Paris. J'ai compris dans le tableau suivant les principaux renseignemens numériques relatifs à ce commerce.

INDICATION DES CHARBONS.	DISTANCE parcourue en kilomèt.	COUT approximatif d'extraction par hect. comb. en centim.	COUT approximatif du transport au rivage en centimes.	PRIX DE VENTE par hect. comb. au rivage en centimes.	TRANSPORT et frais jusque chez le consommateur en 1829.	PRIX DE VENTE et prix de transport réunis.	PRIX COURANS à Paris, Par hectol. comb. en 1829.
Mons mélange....	340	63 à 65	10 à 15	140	3f.25	4f.65	4f.75
— fge gse......	«	«	Id.	85	3.25	4.10	4.25
Auzin fge gse.....	323	70 à 75	12,5 (1)	137.5	2.57	3.945	«
Aniche menu.....	300	115	22 (1)	152	2.52	4.04	«
Charleroi........	370	«	«		«	«	«
St.-Etienne menu.	552	30 à 50	38	106	3.82	4.88	4.66
Auvergne menu...	608	75	12 à 20	93.8	3.13	4.068	4.075
Blanzy fge gse....	437	60	«	112.5	3.15	4.275	4.04
Decize id......	325	«	28	157	2.95	4.52	4.38
Fins..........	377	«	«	185	2.95	4.80	4 63

(1) Frais de mise en bateaux compris.

On sait que dans les dépenses ci-dessus ne sont pas compris les frais généraux du marchand ni l'intérêt de ses capitaux , et cependant les prix de vente sont à peine égaux ou mêmes inférieurs aux frais portés en ligne de compte; ce qui tient, ainsi qu'il a déjà été dit, à la différence des mesurages et au mélange de qualités inférieures.

J'ai déjà fait observer que plusieurs des frais ci-dessus sont susceptibles de réduction. Savoir :

Le prix d'extraction pour les mines d'Auvergne , de Blanzy, de Decize ; pour les autres , il ne pourra s'abaisser que de quelques centimes.

Le prix du transport au rivage , pour toutes celles dont les débouchés sont étendus , et qui n'ont pas de chemins de fer ou de canaux d'embranchement à cet usage.

Le prix du fret proprement dit , ne tombera pas notablement en ce qui concerne les mines de Saint-Etienne et d'Auvergne ; pour toutes les autres , il éprouvera quelque diminution , peu considérable il est vrai. La suppression des droits sur la Loire , et les modifications au tarif des canaux de Briare et de Loing, seront un avantage spécial en faveur des mines du Midi.

Conclusions.

De l'ensemble de ce qui précède on peut tirer les conséquences suivantes :

Pour le chauffage domestique, pour la fabrication du gaz, pour la plupart des évaporations , et en général pour tous les foyers peu considérables , ou pour ceux où l'on a besoin de coups de feu instantanés , le Flénu est et doit continuer d'être universellement préféré.

Pour les grands foyers , pour les machines à vapeur un peu fortes, pour les verreries , le charbon d'Auvergne, vu son bas prix, doit continuer de trouver un débit assez considérable. Sur ce point, les charbons durs de Mons, et peut-être ceux du Creuzot, rivaliseront probablement avec lui.

Pour le même objet , les charbons d'Anzin sont aussi très-convenables.

Pour les fours à réverbère , en petit nombre à Paris, qui exigent de gros morceaux , et une haute température, le charbon de Saint-Etienne , ou certains charbons durs de Mons , sont préférables. Les charbons de Charleroi et de Comentry , pourront un jour leur faire concurrence pour ces usages.

Pour la forgerie , le charbon de Saint-Etienne jouit d'une faveur méritée qui augmentera encore lorsqu'il sera possible de l'avoir exempt du mélange des houilles d'Auvergne.

Pour la fabrication du coke dans les usines (1), le charbon de Saint-Etienne est de bonne qualité. Il paraît qu'il y a avantage à y mêler des charbons durs de Mons. Ceux de Charleroi et Comentry sont susceptibles du même emploi.

Les charbons de Blanzy, de Decize, lorsqu'on aura la faculté de les avoir frais , pourront, dans beaucoup de cas , être mêlés au Flénu.

Les charbons de Fresnes et de Vieux-Condé sont de qualité supérieure pour la cuisson de la chaux. La *Chaussine* d'Auvergne, beaucoup moins pure , a sur eux l'avantage d'un prix moins élevé.

---

(1) Ce n'est là qu'un article très-peu important , parce que les usines à gaz fournissent de coke la plupart des fondeurs.

Tout porte à croire que les charbons d'Epinac seraient associés avec avantage à la plupart des charbons de grille.

Il paraît que ceux de Fins ne peuvent être transportés à Paris avec bénéfice.

Dans la plupart des cas, il y aurait bénéfice à employer, non pas une seule nature de charbon, mais des mélanges; presque tous les charbons, et surtout ceux de grille, gagneraient, le plus souvent, à être associés à une autre variété, où serait développée telle ou telle propriété particulière qui manquerait aux premiers. C'est même parce qu'à une grande pureté, et aux qualités ordinaires des charbons légers très-inflammables, le Flénu réunit, à un degré variable, suivant les exploitations qui le fournissent, celles des charbons collans et tenant bien le feu, qu'il est arrivé à la haute réputation dont il jouit aujourd'hui. Ces mélanges qui, faits avec discernement, seraient très-propres à améliorer les divers charbons, et se résoudraient, comme plusieurs expériences l'ont démontré, en une économie ou en quelque avantage de fabrication, n'ont cependant été pratiqués encore qu'au détriment des consommateurs, pour donner écoulement à des marchandises très-inférieures.

Il serait important de comparer la puissance des divers charbons pour leurs divers usages. Il n'a été fait, à ce sujet, qu'un petit nombre d'essais en grand, encore quelques-uns laissent-ils à désirer, sous le rapport de l'adresse et de l'impartialité des expérimentateurs. Je terminerai en présentant ici les résultats principaux de ceux qui me paraissent mériter le plus de confiance, parmi ceux qui sont à ma connaissance.

En février 1830 la fourniture de la pompe à feu de Chaillot fut mise en adjudication ; les charbons des divers concurrens furent essayés, comme il suit, à la dose de 20 hect. ras.

On échauffait le fourneau avec d'autre houille, de manière à mettre la machine en pleine activité, on vidait alors la chauffe, et on la chargeait du charbon à éprouver ; on faisait ainsi passer les 20 hectolitres, et on les laissait consumer jusqu'à extinction. A chaque fois on mesurait, le plus exactement possible, le volume de l'eau évaporée, l'élévation du niveau de l'eau dans les bassins, et la hauteur de l'eau de la Seine au-dessous d'un point fixe. Un compteur donnait le nombre des coups de piston. On tenait aussi note du temps compris entre le chargement de la grille, et le commencement du jeu de la machine.

La hauteur à laquelle on élève l'eau est 35^{m},80 au-dessus de l'étiage.

A l'époque où ont eu lieu les essais, la hauteur de la Seine était environ de 2^{m} au-dessus de l'étiage.

Les résultats de ces expériences diverses sont compris dans le tableau suivant :

INDICATION DES CHARBONS.	DURÉE de la combustion.	HEURES d'activité de la machine.	COUPS de piston.	EAU ÉVAPORÉE. Litres.	ÉLÉVATION de l'eau dans les bassins.	HAUTEUR de la Seine dans le puisard au-dessous du point fixe.
Grisœuil (Mons) (1).............	4.11'	3.46'	2160	8.255	^{m}1.340	^{m}1.70
Fondary (Auvergne)............	4.55	4.33	2490	9.910	1.610	1.80
Aniche......................	4.30	4.15	2400	9.207	1.530	1.80
Belle-et-Bonne (Flénu).........	4.35	4.27	2380	9.221	1.512	1.93
Blanzy......................	4.10	3.56	2130	9.026	1.345	1.98
Ste.-Barbe l'Escouffiaux (2) (Mons).	5.10	4.48	2618	9.149	1.680	2.06
L'Escouffiaux (3).............	5.15	4.48	2675	10.258	1.705	1.86
Charbons mêlés (Mons).........	4.58	4.40	2545	9.903	1.603	1.80
St.-Etienne (Mine du Soleil).....	5.09	4.55	2670	9.603	1.695	1.70
Anzin......................	5.29	5.12	2748	10.631	1.815	2.03

(1) L'essai de ce charbon a probablement été fait dans des circonstances très-défavorables.

(2) Charbon *dur*.

(3) Ce charbon faisait voûte au-dessus de la grille ; il donnait du mâchefer collant.

Les bassins sont évasés et le fond en est incliné : leurs dimensions réduites sont : Longueur 58^m,630

Largeur   19 550

Hauteur   2 885

Celle de toutes les séries de résultats qui fut jugée la plus concluante fut celle des quantités d'eau évaporées.

A la suite de ces essais, eu égard aux prix différens proposés par les soumissionnaires, la fourniture fut adjugée au propriétaire de Foudary, qui offrait ses charbons à 48 fr. 90 c. la voie.

On a fait un grand nombre d'essais dans les trois usines à gaz de Paris, dans le but de déterminer les qualités spéciales des diverses houilles pour cette fabrication. Ici la question était très-complexe. Il y avait à tenir compte d'un grand nombre d'élémens, qui varient avec les charbons dans de très-larges limites. Ce sont principalement,

Le temps nécessaire au dégagement du gaz,

Le volume de ce gaz,

Sa puissance éclairante,

Sa pureté : le gaz, tel qu'il sort des cornues, et même après les préparations auxquelles on le soumet dans les usines d'éclairage, contient de l'hydrogène sulfuré, des sels ammoniacaux, des goudrons et des huiles très-fétides. Il en résulte qu'il répand une odeur très-désagréable lorsqu'il s'échappe sans être complètement brûlé, et que les produits de sa combustion, par l'acide sulfureux qu'ils renferment, exercent sur les tissus une action décolorante. Ce dernier inconvénient est très-grave à Paris, parce qu'une grande partie de la clientelle des usines à gaz se compose de magasins renfermant des étoffes délicates.

La quantité et la qualité du coke qui reste après la distillation :

Le coke est très-cher à Paris, parce qu'il est très-recherché pour le chauffage domestique. La valeur du coke, provenant de la distillation, est à peu près égale, quelquefois même supérieure à celle du charbon chargé dans les cornues.

Ces nombreux élémens varient non-seulement d'une nature de charbon à une autre, mais encore pour celui qui provient de la même couche, du même point, suivant la grosseur des morceaux. Le menu est généralement d'un emploi beaucoup moins avantageux que le gros, principalement sous le rapport de la quantité du gaz et de l'état du coke. L'influence du volume des fragmens sur le produit en gaz, est surtout très-marquée, avec les charbons sujets à s'échauffer et à s'effleurir.

Il y a trois ans, une longue série d'expériences fut entreprise et achevée avec le plus grand soin à l'usine anglaise du gaz. M. Martin, négociant en charbon de terre, en a publié les résultats. (*Paris*, Everat, 1828.) Je vais transcire ici ceux qui offrent le plus d'intérêt.

INDICATION DES CHARBONS.	QUANTITÉS DISTILLÉES		PRODUCTION		CONSOMMATION d'un bec de gaz : p. cub. par heure.	NOMBRE D'UFURES d'un bec correspondant au pr. en gaz.	ESTIMATION à vue d'un hect.comb. de coke.	VALEUR TOTALE du gaz et du coke produits (3)
	en poids.	en vol. heet. ras.	en coke hectolit. combl.	en gaz pi. cub.				
Gros. St-Etienne (Seignat)......	1000 k	»	16	6870	4 3/7	1552	4 f.	159 f
Gros. Mons (Grisœuil)...	1000	»	15 1/2	7633	6 1/4	1221	3.50	129
Gros. Id. Bellevue (1)........	1000	»	14 1/2	6250	6 2/7	995	3.50	112
Menu. Fins...................	1000	13	18	8281	3 3/4	2209	3. »	188
Menu. St-Etienne (Jovin et Neyron)	1000	13 3/4	19	7968	4	1992	3.75	190
Menu. Id. (Durand, Major, etc.)	1000	13 1/3	17	5776	4	1444	3.25	143
Menu. Mons (Grisœuil) (2)......	1000	13 1/3	18	7667	4 2/7	1789	3.25	167
Mélange Flénu.................	1000	12 1/2	16	8000	3. 3/4	2133	3. »	176
Fge gaillse. Mons (Grisœuil)......	1000	12 3/4	15	5327	4 2/7	1243	3.10	123
Fge gaillse. Id. (Tapatout)......	1000	14	5	6100	4 2/7	1423	3. »	105

(1) Charbon *dur*.

(2) Cassure de gros préparée au moment de l'essai.

(3) L'heure d'un bec est comptée à 6 c.

Dans ces essais, les charbons à forger, et ceux qui sont lents à s'enflammer, ont mis plus de temps à rendre leur gaz que les charbons *légers* et facilement inflammables. Les charbons de Mons sont ceux dont le gaz était le moins odorant.

Les plus beaux cokes provenaient du Saint-Etienne.

D'autres essais ont eu lieu aux usines royale et française. Ils se sont accordés généralement, dans leurs résultats relatifs (1), avec ceux de la compagnie anglaise; ils ont constaté cependant ce fait, qu'il existe à Saint-Etienne des charbons dont le produit en gaz, à l'état de *gros* ou de *chapelet*, est plus considérable que celui des meilleures qualités de Mons.

C'est ainsi que du charbon provenant, à ce qu'il paraît, des mines du Soleil à Saint-Etienne, a rendu, par 1000 kil., environ 1000 pieds cubes.

Du *mélange* provenant de la fosse dite l'*Alliance*, au nord du bois de Boussu (Mons), n'a donné que 9200 pieds cubes.

Du *mélange* de la concession de Wasmes et Hornu a fourni un peu moins encore. Cependant, eu égard à la lenteur de la distillation avec le charbon de Saint-Etienne, à son prix plus élevé et à la fétidité du gaz qu'il produit, le *mélange* Flénu est universellement préféré par les compagnies d'éclairage.

---

(1) Les résultats absolus ne s'accordent nullement. La disposition des appareils et la conduite de l'opération exercent une influence considérable sur la durée de la distillation, sur la quantité et la puissance éclairante du gaz. C'est ainsi qu'avec la forme des cornues et des foyers en usage il y a quelques années, un charbon qui rend dans le travail actuel 10,000 pieds cub. par voie en 3 h. 1/2, donnait à peine 8000 pieds cub. en 5 heures.

92

Explication des planches

Pl. 1. Coupe du bassin houiller de Mons.

Cette coupe est faite par un plan vertical perpendiculaire à la direction des couches, et passant par les anciennes pompes à feu de Picqueri et d'Ostenne.

a a a. Terrains *morts* qui recouvrent le terrain houiller.

b. Ancienne pompe à feu de Picqueri.

c. Ancienne pompe à feu d'Ostenne.

d d d. Anciens travaux : les travaux actuels sont beaucoup plus profonds.

e. Coupe du canal de Mons à Condé.

Les quatre groupes dont se compose ce système houiller, comprennent les couches suivantes :

1er *groupe. Charbon sec.*

1 Croix-Rouvroix	8 Claux.
2 Fourniche.	9 Petit-Claux.
3 Grand-Renom.	10 Petite-Chevalière.
4 Petit-Renom.	11 Grande-Chevalière.
5 Grand-Bouillon.	12 Grand-Mouton.
6 Six-Paumes.	13 Petit-Mouton.
7 L'Echelle.	

2e *groupe. Charbon de fine forge.*

14 Auvergies.	22 Longterne
15 Moreau.	23 Pouilleuse.
16 Petit-Moreau.	24 Petit-Couteau.
17 Grande-Chemine.	25 Grand-Couteau.
18 Chemine.	26 Picarte.
19 Chaufournoise.	27 Cinq *ou* Six-Paumes.
20 Toute-Bonne.	28 Duriau.
21 G^d Tas *ou* G^{de} Veine.	29 Libersée.

30 Peternous.   34 Pourceau.
31 L'Angleuse.   35 Frette.
32 Petite-Garde-de-Dieu. 36 Vercle.
33 Grande Garde-de-Dieu.

Total 23 couches de charbon de *fine forge*.

3e *groupe.* *Charbon dur.*

37 Tendelais.   52 Veine-au-Caillou.
38 Houbarte.   53 Sorcière.
39 Roger-Gottrain.   54 Plate-Veine.
40 Petit-Corps.   55 Veine-à-deux-Laies.
41 Grand-Corps.   56 Houteuse.
42 Thorain.   57 Bibée.
43 Pierrain.   58 Bouleau.
44 Naisson.   59 Layette.
45 Veine-du-Mur.   60 Selixé.
46 Veinette.   61 Petit-Buisson.
47 Bonne-Veine.   62 Grand-Buisson.
48 Roug.-Veine *ou* Pantou. 63 Mathon.
49 Les Andriers.   64 Paillet.
50 La Fertée.   65 Veine-à-la-Pierre.
51 Veine-à-Forge.

Total 29 couches de charbon *dur*.

4e *groupe.* *Charbon Flénu.*

66 Dure-Veine.   75 Anas.
67 Famenne.   76 Petite-Veine-à-l'Aune.
68 Corneillette.   77 Grande-Veine-à-l'Aune.
69 Soumillarde.   78 Layette.
70 Plate-Veine.   79 Veine-à-trois-Laies.
71 Grand-Gaillet.   80 Carlier.
72 Petit-Gaillet.   81 Passement-de-Carlier.
37 Renard.   82 Braise.
74 Gade.   83 Veine-à-deux-Laies.

84	Petit-Franois.	100	Coches.
85	Grand-Franois.	101	Désirée.
86	Petite-Belle-et-Bonne.	102	Harpe.
87	Grande-Belle-et-Bonne.	103	Grand-Houspin.
88	Houbarte.	104	Petit-Houspin.
89	Petite-Béchée.	105	Veine-à-Chiens.
90	Grande-Béchée.	106	Horiaux.
91	Petite-Cossette.	107	Clayaux.
92	Grande-Cossette.	108	Petite-Morette.
93	Pucelette.	109	Grande-Morette.
94	Veine-à-Mouches.	110	Veine-à-Forge.
95	Famenne.	111	Veine-à-Gros ou 5000
96	Bonnet.	112	Grand-Moulin.
97	Jougueleresse.	113	Amis.
98	Grande-Veine.	114	Moulinet.
99	Jausquette.		

Total 49 couches de *Flénu.*

La couche de Flénu, dite *Gaillette*, n'est pas figurée dans cette coupe : sa place est entre *Grand-Gaillet* et *Renard :* plusieurs autres sont aussi omises ; elles sont inexploitables dans la plupart des concessions.

Chaque couche porte divers noms suivant les concessions où on l'exploite : nous avons rapporté ici les dénominations les plus usitées.

Planche II. Carte des mines de charbon qui approvisionnent Paris.

Cette Carte indique la position des diverses mines, avec les rivières, les canaux et les chemins de fer achevés, en construction, ou en projet, qui servent ou serviront au transport de leurs produits.

IMPRIMERIE DE H. FOURNIER,
RUE DE SEINE, N. 14.

www.ingramcontent.com/pod-product-compliance
Ingram Content Group UK Ltd.
Pitfield, Milton Keynes, MK11 3LW, UK
UKHW022325070726
13614UKWH00002B/948